阳台创意种菜一本通

YANGTAI CHUANGYI ZHONGCAI YIBENTONG

刘士勇　主编

中国农业出版社

图书在版编目（CIP）数据

阳台创意种菜一本通 / 刘士勇主编. —北京：中国农业出版社，2017.5（2018.6重印）
ISBN 978-7-109-22694-4

Ⅰ. ①阳… Ⅱ. ①刘… Ⅲ. ①蔬菜园艺 Ⅳ. ①S63

中国版本图书馆CIP数据核字（2017）第016461号

中国农业出版社出版
（北京市朝阳区麦子店街18号楼）
（邮政编码 100125）
责任编辑 石飞华

中国农业出版社印刷厂印刷 新华书店北京发行所发行
2017年5月第1版 2018年6月北京第2次印刷

开本：700mm×1000mm 1/16 印张：10
字数：220千字
定价：59.00元

编 委 会

序

近年来，随着人们生活水平的提高，对生活质量的要求也不断提升，在满足衣食住行等基本需求后，开始追求更高层次的精神满足。尽管繁华的城市丰富了人们的生活，但身处高楼包围之中的都市人往往会羡慕农村朋友拥有的一片小小菜园，渴望在寸土寸金的城市空间有一块实现绿色梦想的田地，于是阳台菜园、屋顶菜园、楼边菜园逐渐走进人们的生活，“自己动手、丰衣足食”成为一种新时尚，其中阳台菜园又因其省地省工、美化环境、愉悦身心而受到广泛欢迎。

仅仅4～5米^{2}的小阳台，就能种出一个五彩缤纷的世界，五色番茄、五色彩椒、五味香草等，五彩斑斓的颜色赏心悦目，生机盎然的造型欣欣向荣，蔬果飘香让人神清气爽。对于长时间生活在远离耕耘、远离农村的城市人群，阳台菜园在缩短人们与大自然之间距离的同时，也能够帮助人们排解压力。特别对于在城市长大的孩子们，阳台菜园是教育他们热爱自然、勤奋劳动、学习知识最好的课堂。可以对孩子进行科普教育，让孩子们学习到植物学方面的知识，同时还培养了孩子观察事物的能力。

家庭种菜活动拉近了人们与农业的距离，使人们重回大自然，返璞归真。阳台菜园的出现使人们体验到农耕的乐趣，使农业走进了城市，并逐渐成为一种时尚。另外，退休的老人可以足不出户就体验农耕的乐趣，回忆儿时的田园生活，陶冶情操。在阳台这个弹丸之地，辟出一隅种植蔬菜作物，可以起到美化环境和装饰家居的效果，还在家中形成了天然的“氧吧”改善了空气环境，有益于身心健康。阳台蔬菜不仅可以欣赏，还可通过合理的种植手段，对家庭日常食用蔬菜起到一些补充作用。当消费者在家中吃到自己亲手种植的鲜嫩、美味、安全和营养丰富的蔬菜，真是别有一番乐趣涌上心头，幸福感满满。

然而许多市民朋友在家庭种植蔬菜过程中会出现诸多技术方面困惑，比如番茄、黄瓜不容易坐果或是坐了果也长不大，再比如种出菜来不好吃，更让大家头疼的是菜生了病或长了虫不知怎么办，这些都会严重影响种植心情。

刘士勇同志从事农业科技推广工作30余年，近年在农业面临城乡一体化进程加快的新形势下，结合北京市朝阳区都市型现代农业发展实际，组织开展都市型阳台菜园研究、推广工作，成功破解了市民在家庭种菜中遇到的诸多技术难题，总结出许多宝贵经验。都市型阳台菜园种植技术的推广，拓展了农业科技服务领域，推进了农业走进城市，为都市型现代农业转型发展开辟了新途径。他结合自己多年推广实践主编的这本《阳台创意种菜一本通》，图文并茂，全面记述了家庭种植蔬菜最新热门品种和栽培技术，并将种植技术与创意相结合，开发蔬菜的景观功能，发挥蔬菜对城市生态建设的作用，不但能种出美味，更能种出美景。希望读者能把此书作为阳台种菜的小百科全书来读，放在手边作为亲近的朋友，引导您在阳台种植出丰富多彩的蔬菜。这是我的期望，我想也是作者的愿望吧！

中国农业科技园区专家
农业部都市农业（北方）重点实验室蔬菜专家　曹华

2016年10月

前言

随着社会的飞速发展和城乡一体化进程的加快，农业面临着新的发展形势，转型发展和实现功能拓展的现实需求十分迫切。北京的都市农业自20世纪90年代初发起并实施建设，目前已造就出一批功能多样、富有特色、为城乡居民提供优质服务的农业产业化园区，一、二、三产业更加融合，带动了农业旅游观光、加工配送、休闲健身、文化创意产业的发展，农业的生态、生活、示范教育功能得到进一步开发。

农业是城市中不可缺少的元素。树木花草可以美化城市，种植蔬菜同样能为城市增加“绿肺”。北京市朝阳区种植业养殖业服务中心结合区域功能定位和科技职能，自2010年开始进行都市型阳台菜园有机栽培综合技术研究和示范工作，经过4年的不断完善，逐步形成了都市型阳台菜园有机栽培综合技术体系，自2014年开始进入全面推广阶段，通过阳台种菜，把农业推进城市。几年的实践证明“强生态、惠民生、促和谐”效果凸显，用蔬菜美化城市，加强了城市生态文明建设，提升了环境质量。用绿色装点家居，居民在欣赏美景的同时收获亲手种植的有机蔬菜，阳台种菜也为邻里沟通搭建了平台，促进了社区和谐，取得了显著的生态效益和社会效益。在农业科技交流中看到延庆等区和专业公司的阳台菜园示范推广也取得了很多宝贵经验，于是应中国农业出版社之邀组织专家与本区同行共同编写了本书。

本书是集6年阳台种菜推广实践编写的一本科普书籍，源于基层，贴近生活。书中介绍了家庭阳台种菜的一些热门品种，包括叶菜类、根茎菜类、瓜果菜类、芳香蔬菜类等46种适合阳台种植的蔬菜，以通俗易懂的语言全面阐释了不同蔬菜品种从播种育苗到收获的栽培技巧。还有一些北京地区的传统风味老品种，像苹果青番茄、核桃纹白菜、心里美萝卜等更是深受市民朋友欢迎，能帮助找回30年前的味道，唤起儿时的记忆。还介绍了阳台菜园创意设计技术和各种栽培设施与种植方法。书中所配的270余张照片，大部分是在推广过程中由笔者亲自拍摄的，并对家庭蔬菜汁的制作、栽培器具使用等技术的每一个操作步骤进行分解说明，实用性强。本书还分享了阳台种菜的种植乐趣与创意，用图片和说明的方法展示了科技工作者和居民种出的美景、学生们制作的美图和日常种植过程中拍摄的美照，以供广大读者朋友欣赏。最后借用一首曹华老师收集的打油诗《小小庭院瓜果香》："小小庭院巴掌大，拉起篱笆种庄稼。篱笆上爬金银藤，春秋两次闻香花。庭前长有番茄果，闲来尝鲜品甜酸。搭瓜架、种丝瓜，绿色食品种黄瓜；种辣椒、种扁豆，再栽几棵葫芦娃。勤浇水、把草拔，精心劳作理枝杈，喜见藤蔓爬满架，又有瓜果又有花。休闲耕耘小天地，舒心畅怀乐哈哈。"希望家庭种菜再现农耕场景，更希望这项有益身心健康的活动能给大家带来诸多幸福和乐趣。因笔者水平有限，书中难免出现纰漏，敬请读者指正。

特别感谢北京市农业技术推广站名优蔬菜专家曹华老师、北京市土肥工作站推广研究员赵永志站长和中国农业科学院蔬菜花卉研究所张德纯研究员对本书的悉心指导！感谢北京市朝阳区种植业养殖业服务中心和相关部门以及都市型阳台菜园示范合作单位对本书的大力支持！感谢王亚慧、耿志席、刘建军副主编和各位编委们的辛勤工作！

刘士勇

2016年10月

目录

第一章　阳台菜园与城市建设和百姓生活

一、什么是都市型阳台菜园

都市型阳台菜园是以室内阳台、室外露台、庭院及楼顶等为载体，以加强城市生态建设、靓丽居民家庭为核心，以农业科技为依托，集蔬菜有机栽培系列技术、信息化技术、艺术创意、规划设计等技术于一体的新的农业综合技术（图1-1）。在城市中从事种植蔬菜和农艺体验活动，能够开发农业的生态、生活和示范教育功能，促进生态和人文环境双提升、农耕乐趣和劳动成果双丰收，实现为城市生态建设增加绿色、为居民生活增添乐趣的目的，从而促进城乡一体融合发展。

都市型阳台菜园有机栽培综合技术是由农业生产中蔬菜栽培技术、保护地栽培技术、露地栽培技术演变发展而来。农业生产的目的是追求高产和优质，为市场供应更多的农副产品，而阳台菜园更多的是在城市的生态建设和惠及百姓生活方面发挥作用。在城市的楼顶、露台、庭院进行的阳台菜园栽培是以露地蔬菜生产栽培技术为基础，而室内阳台菜园栽培则以保护地蔬菜生产栽培技术为依托，更多地突出景观性、创意性。阳台菜园倡导“绿色与健康”，通过种植利于健康的可食用的蔬菜产品，用绿色美化家庭，并在收获的同时制作成各种果蔬饮品和美味佳肴，既享受了动手劳作的过程，又品尝了丰收成果之美，种出美景、种出安全、种出美味，有利于身心健康，因此更加贴近百姓生活。

图1-1 都市型阳台菜园

二、为什么要发展都市型阳台菜园

良好的生态环境是最公平的公共产品，是最普惠的民生福祉。加强生态文明建设是关乎民族未来和百姓幸福的大事。都市型阳台菜园是加强生态文明建设的重要形式，它具有美化城市、靓丽家居的功能，为城市乃至每个家庭传递美，同时能在种植劳作之中修身养性，培养气质，丰富家庭生活。

城市建设和百姓生活需要绿色 随着社会经济的快速发展，城市建设步伐也在加快，城区进一步扩大，热岛效应显现，急需加强生态建设以提升环境质量。阳台种植蔬菜可以为城市增加“绿肺”，降低城市热岛效应，增加人均绿地面积和改善环境，为城市加强生态建设搭建平台。同时，百姓对生态和环境有了更高的追求，人们向往绿色生活，渴望有一份耕耘的田地。中国有几千年的农业文明，每个人都有着浓郁的农耕情节，在自家建设小菜园是城市生活的人们追求的梦想，“强生态、惠民生”发展阳台菜园有广泛的社会需求。

发达国家城市农业的发展经验值得借鉴 国外的都市农业从20世纪50年代开始，从最初的摸索阶段，已发展到如今的农业型、经济功能型、生态观光型和综合示

范型等多种模式快速发展阶段。然而各国由于农业基础、城市特点及其发展的轨迹不同，都市农业有着不同的发展内容和模式。美国都市农业的主要形式是耕种社区(也称市民农园)。它是一种农场与社区互助的组织形式，占美国总面积的10%。其生产的农产品价值占美国农产品总价值的1/3以上，在农产品的生产与消费之间架起了一座桥梁。德国的都市农业是以市民农园为代表，主要分布于中小城镇中。市民利用循环发展模式发展养殖业，利用养殖肥料混合栽种花卉、果树和蔬菜。法国的都市农业形式多样，有家庭农场、教育农场、自然保护区等。法国农业的发展在生态、景观、休闲和教育方面的功能较显著，即：利用农业限制城市进一步扩张；利用农业作为巴黎市与周边城市之间的绿色隔离带；利用农业把四通八达的高速公路、工厂等有污染的地区与居住区分隔开来，营造一种宁静、清洁的生活环境；利用农业作为城市景观，种植新鲜的水果、蔬菜、花卉等居民需要的产品，有的作为市民运动休闲的场所，还有的作为青少年的教育基地。

阳台菜园符合城乡一体融合发展的大趋势　北京市朝阳区作为首都城市功能拓展区，发展都市农业有着得天独厚的优势。我们的经验是：一要发展休闲农业，营造美丽的田园风光，为城乡居民旅游休闲提供好去处，吸引市民下乡；二要推进农业进城，发展城市农业，实现农业功能向生态、生活、示范功能拓展，发挥农业的生态服务价值，创造田园中有城市、城市中有田园的都市型现代农业新格局，促进城乡一体融合发展。

三、发展阳台菜园应遵循的原则

安全为要　一是投入品保管和使用要安全。比如肥料和农药应妥善保管，防止被儿童误服或发生化学变化出现安全隐患。浓度配比要合理，以免造成药害，伤及作物。二是产出蔬菜要安全，应采取有机栽培综合配套技术，使种出的蔬菜达到绿色至有机食品标准。要使用环境友好型的投入品，在肥料上使用经过完全发酵高温灭菌除味、室内外都能使用的商品有机肥，蔬菜生长期间追施使用有机液肥或商品有机肥。三是在病虫害防治上首先使用物理方法进行无害化防治，如悬挂黄板等物理方法。若病虫害发展到一定程度，物理方法不能有效控制时，可使用生物农药等有机杀虫剂，并注意施药至采摘的安全间隔期。

景观为先　阳台菜园对外是以景观生态建设、提高城市环境质量为目的，对内则是以靓丽家庭、营造健康家居为首要任务，因此在引进品种和栽培技术应用上应以生态建设和提升景观环境为首选，色泽和特色要突出，景观效果要明显，组合搭配要合理，室内室外品种要适种，同时兼顾可食用性。

传统为主　发展阳台菜园一个重要功能是丰富居民业余生活，同时兼具农耕文化教育和示范功能。它既是退休老人寄情怡志的菜园，也是上班族缓解一天疲劳的绿地，更是儿童农耕文化教育的园地。中国有几千年的农业文明，人们对传统农业文明有根深蒂固的情节，农业八字宪法是“土、肥、水、种、密、保、管、工”，第一位就是“土”，可见土壤在农业中的重要地位。因此，发展阳台菜园应以传统的农业种植

为主体，栽培上以土壤栽培为主，同时应用现代农业科技发展成果，提高智能化、病虫害绿色防控水平，以提高蔬菜科学管理、产量和安全性。蔬菜无土栽培是一种现代农业科技，是工厂化生产采用的主要技术，在家庭中主要起到增加景观效果和栽培方法展示的作用，可以成为一种种植方式，但不应成为阳台菜园种植方法的主体。

立体为宜 居民家庭阳台一般还要承担晾晒衣服等用途，室内阳台相对面积有限，在有限的空间取得种植面积最大化的有效办法是发展立体种植，一是利用设施有效科学利用空间，二是通过作物高低搭配合理利用空间和光能。

四、推广都市型阳台菜园给城市建设和百姓生活带来了什么

阳台菜园将生态、生活、教育、示范有机结合在一起，满足了城市居民休闲、体验、观光、采摘、环保等需求，是人们追求现代生活方式的重要体现。而将现代农业技术与传统有机农业栽培技术融为一体形成配套综合技术，应用于社区生态建设和都市家庭生活，让居民不但能通过种菜享受农耕乐趣、满足农耕情节，更能收获自己种植的有机蔬菜，是都市型现代农业转型升级和功能拓展的重要体现（图1-2）。

美化城市环境，改善环境质量 阳台菜园种植技术可以广泛应用于城市办公楼、学校的楼顶和室内阳台，因此阳台菜园的首要功能就是美化城市环境，改善环境质量。在高楼林立的城市环境中，来自汽车尾气、空调热气等因素的污染致使空气质量下降、热岛效应凸显，而在楼顶、露台等区域种植绿色蔬菜，既可以装点城市美景，还可以提高空气质量，为城市增加“绿肺”，提高城市绿色面积。据测算，发展阳台菜园可以使人均绿色面积增加2米^{2}以上，可以有效地提高空气质量和缓解热岛效应。

丰富百姓生活，搭建示范教育平台 阳台菜园能丰富百姓业余生活，为社区居民搭建开展农耕文化示范和教育的平台。退休在家的老人们在享受天伦之乐的同时，可以通过种植蔬菜强健体魄，重温田园梦。上班族则有了一块缓解工作压力、疏解疲劳的园地。下班后种种菜、松松土、浇浇水、施施肥，每天观察蔬菜生长变化，能使人在喧嚣的城市中获得一份宁静，在家庭的微田园中享受农耕乐趣，愉悦心情。而孩子们通过农耕体验和种植，能更直观地认知农业，知道五谷为何物，蔬菜是怎样种植出来的，从而发挥农业的示范和教育功能。

净化居家空气，益于居民健康 室内阳台种植特色保健蔬菜，例如能吸收二氧化碳、吸附甲醛及有害气体的吸毒草等品种，可以有效地净化空气，调节湿度，让室内环境变得舒适宜人。在室内和室外种植怡神醒脑的芳香类蔬菜或香草，既可观赏、闻香，还能食用，熏衣草、迷迭香、马祖林等香草都是比较理想的品种。居民通过亲手种植蔬菜，在享受劳作之乐的同时，更可以收获自己亲手种植的有机蔬菜，享受劳动成果，丰富菜篮子，安全菜盘子，有益于居民身心健康。

缓解城市环保压力，开辟低碳生活新途径 家庭生活产生的厨后菜叶、淘米水、果皮等有机物质，都是制作有机肥料的好材料。在室外露台上，用EM菌等或特别的技术手段对这些厨余垃圾进行无味腐熟发酵处理，可为菜园的蔬菜提供很好的有机

肥料，一方面缓解了城市清洁运输压力，节约了社会资源，另一方面也为低碳生活开辟了新途径。

投入少，功能多，具有明显的比较优势　阳台菜园相对于其他生态建设方式具有明显的比较优势。首先，阳台菜园具有美化环境、改善空气质量、为人们提供优质安全蔬菜等多种功能，综合效益显著。其次，阳台菜园投入较低，一棵蔬菜种苗成本不足一元。而有些绿化方式是以种植小型灌木、草坪为主，不但种苗成本高，而且草坪用水多，养护费用高，与我国北方地区大力提倡的发展节水农业理念不相宜。第三，阳台菜园种植成本低，茬口更新快，容易创造景观，而有些生态建设方式因投入较高，更新难度较大。

为居民提供最新鲜的蔬菜产品　目前因化肥、农药的过量使用而造成蔬菜瓜果有害物质残留超标现象已成为严重的社会问题。与此形成鲜明对照的是，“都市型阳台菜园有机栽培综合技术”的推广应用，可在蔬果的生长期内全程有机栽培，肥料使用专用营养液，不用激素、抗生素乃至农药、杀虫剂等，用物理方法防治病虫害，故培育的蔬果达到有机食品等级，属于真正的“放心菜”“安心菜”，且营养成分也更高。据研究，蔬菜在收获后到食用的时间与营养成分呈反比。时间越长，营养成分越低。而自家菜园现种现吃，避免了长距离的运输与较久的储存，采摘到食用零距离，也显得格外新鲜娇嫩，符合现代低碳生活的理念，更有益于健康。

成为居民沟通的桥梁，邻里和谐的纽带　阳台菜园的示范推广，成为了居民沟通的桥梁。通过成立民间的阳台菜园协会等组织，社区搭台，居民唱戏，加强了社区居民之间的沟通和联系。大家在一起总结种植蔬菜经验，探讨创新方法，也增进了邻里团结。正如社区干部讲的：生活富裕了，过去居民在一起谈论多的是哪个饭庄的饭好

图1–2　阳台种菜丰富了百姓生活

吃，自从在阳台上种菜以来，阳台菜园成了居民关注的焦点，碰面就聊怎么种菜，比谁的菜种得好，探讨种菜技术。居民在家有菜园，来了客人自然就在家请吃有机蔬菜，其乐融融。阳台菜园在提升生态环境的同时，人文环境得到同步提升，成了促进邻里和谐的一把钥匙，构建和谐社区的抓手。

五、北京市朝阳区都市农业与阳台菜园发展实践分享

朝阳区是北京市面积最大的城区，农业产业比较发达，“九五”以前曾是首都重要的“米袋子”和“菜篮子”。随着城乡一体化进程的加快，朝阳区农业的生产性空间逐步收缩。笔者作为一名农业科技工作者，全程参与了朝阳区都市型现代农业建设，也见证了都市型现代农业的发展。区种植业养殖业服务中心围绕朝阳区都市型现代农业的发展现状和实际需求，本着“服务街乡，开发都市型现代农业新功能，发挥农业生态服务价值，促进城乡一体融合发展”的原则，以“促进农业走进城市，提升城市环境质量，建设田园城市，靓丽居民家庭”为目标，开展了都市型阳台菜园有机栽培综合技术示范与推广工作，并以此技术为核心，启动了都市型现代农业“六进工程”，即“进街乡、进机关、进公园、进社区、进学校、进家庭”，推进都市型现代农业向城市拓展（图1-3、图1-4）。

1. 朝阳区都市型阳台菜园的推广过程

2010年，朝阳区开始进行阳台菜园技术研究，在农业产业化园区温室和露地进行室内和室外盆栽蔬菜种植，筛选出20多个蔬菜品种及其配套栽培技术。2011年起挑选京旺家园5户居民示范户开展室内阳台菜园研究与示范试验，取得初步成功。2012年，在京旺家园继续试验的基础上，组织专家深入社区居民家中开展阳台菜园有机栽培综合技术研究与示范。2013年，朝阳区种植业养殖业服务中心在几个社区开展室外露台和室内阳台菜园技术示范，总结出都市型阳台菜园有机栽培综合技术体系。

2014—2016年都市型阳台菜园在朝阳区全面推广，以阳台菜园为载体，促进农业走进城市，发展城市农业的研究与示范推广工作，“六进工程”取得显著成效，实

图1-3　北京市朝阳区积极推广阳台菜园

图1-4　北京市朝阳区都市现代农业进公园、进学校、进家庭

现了农业科技服务领域的进一步拓展。

2. 推广阳台菜园主要做了哪些工作

（1）深入社区调研，进行技术与需求对接　2011年项目启动以来，坚持每年年初深入街乡、社区等进行调研，充分掌握基层的实际情况，制定切实可行的技术方案，为阳台菜园技术推广的科学性和可操作性奠定基础。

（2）组织技术培训　为了提高阳台菜园技术水平，每年为区级退休老干部、机关干部、学校、社区居民等举办多次技术培训，广泛讲解阳台菜园种植知识。

（3）为全区示范单位培育种苗　2013年起统一进行春季育苗，为全区示范单位的居民提供番茄等种苗，并召开阳台菜园特色品种推介会，提高阳台菜园推广速度和百姓的认知度。

（4）送栽培器具和种苗到社区　在春季种菜季节深入示范合作单位开展送工具、送苗进社区活动，专家现场为居民讲解种植器具的使用方法和优良品种特征特性，并进行互动答疑，既推广了阳台菜园技术，又加强了与居民的联系。

（5）深入社区和家庭指导种菜　为充分发挥示范单位和示范户的带动作用，组织专家团队深入社区和居民家中，从空间布局、色泽搭配、合理采光、品种组合等方面现场指导阳台种菜。在蔬菜生长期间，经常与社区技术人员入户指导蔬菜管理。

经过几年的实践，阳台菜园目前已在朝阳区进入全面推广阶段，5个乡2个街道3所学校2座公园16个社区辐射带动5 000户居民进行阳台种菜。《农民日报》、《北京日报》、北京电视台等多家媒体进行了报道宣传。在台湾举办的第十八届京台合作生态创意农业论坛上，朝阳区阳台菜园的推广经验与海峡两岸农业专家进行了分享，受到一致好评。

3. “六进工程”亮点

（1）农业进社区，为残障人士建立温馨家园　2014年打造了垡头社区残疾人农艺体验康复园，种植了30余种蔬菜和花卉，应用了12项农业新科技打造10处景观。社区内残疾人和空巢老人通过亲身参与农事体验和休闲活动，达到休养身心、强健体魄的康复效果。

（2）农业进机关，发挥示范作用　在部分机关单位开展了阳台菜园示范工作，应用多项种植技术种植的番茄、彩椒、黄瓜等20余种，蔬菜成排摆放在办公室前，成为一景。

（3）农业进公园，蔬菜成景观　在郊野公园建设“都市小农园”，小五谷园种植小麦、谷子等30余种粮经作物，小菜园种植番茄、彩椒等20余种蔬菜作物，小花园种植彩色向日葵、五彩旱金莲等10余种可食用花卉。应用了农业种植、景观生态建设和创意设计等多项技术，以传承农业文明、营造美丽生态环境为核心，为城乡居民认知农业和旅游休闲提供了好去处，同时为中小学生进行农耕文化教育开辟了示范园地。

（4）农业进家庭，扮靓家居　以十几个社区为示范单位推广都市型阳台菜园有机栽培综合技术，在室外露台和室内阳台推出廊架式立体种植和集约式立体种植等4种种植模式，进行了专业创意设计安装，使家庭阳台菜园既有景观观赏性，又有美味可食性，用蔬菜扮靓家居。

（5）农业进学校，农教结合　积极拓展都市型现代农业服务领域，寻求农教结合契合点，为朝阳区部分小学教师进行阳台菜园技术培训，为小学生讲解蔬菜知识，引导每个班种植蔬菜示范园地，创意设计“开心小农园”，让小学生不出校门即可以开展植物教学和农耕文化教育。

4. 阳台菜园的发展实践——高碑店西社区的小菜园与大生态

高碑店西社区隶属于有着“北京最美乡村”“全国绿色小康村”等多重美誉的北京市朝阳区高碑店村。沿着别墅式居民楼间狭长的街道缓缓前行，便感受到空气中浓郁的绿色气息，这些绿意来自社区居民楼的阳台菜园。2012年以后，北京市朝阳区种植业养殖业服务中心，在该社区推广都市型阳台菜园有机栽培综合技术，目前整个社区八成居民家都有一个阳台菜园（图1-5）。

（1）阳台菜园让社区处处是氧吧　位于通惠河南岸的高碑店西社区是全国新农村试点。搬进楼房的农民成为社区的居民，居住与生活方式都有了很大转变。过去的高碑店村民主要从事种菜种粮，有着深厚的农耕情结。上楼后，居民常说的一句话就是：“西社区哪儿都好，就是缺点绿。”面对新农村社区化建设的新形势与新任

图1-5　推广阳台菜园前后对比

务，社区党支部根据居民家庭阳台面积大的特点，提出了“绿化”的发展思路：先从美化阳台做起！

2012年初，朝阳区种植业养殖业服务中心邀请北京市农业技术推广站专家到西社区进行社区绿化美化专题调研，专家们一致认为，发展阳台菜园是实现社区绿化美化的重要途径。2012年10月，社区成立了项目组织——半亩园协会，社区干部搭台，居民唱戏，专题研讨阳台种菜，极大地调动了居民的积极性。2013年，朝阳区种植业养殖业服务中心与高碑店西社区密切合作，在西社区开展都市型阳台菜园有机栽培综合技术示范推广，对社区居民的技术培训、入户指导、技术培训、提供种苗等方面给予了重点指导和支持，示范带动100户以上，取得了很好的效果。2014年，中心与高碑店西社区加强合作，将西社区列为朝阳区阳台菜园示范社区，并在全区启动了都市型现代农业“六进工程”，大力推广都市型阳台菜园有机栽培综合技术。中心工作人员经常深入社区，通过发放菜苗和种植工具，讲解蔬菜栽培技术，使社区阳台菜园建设逐渐走上规范化与科学化的轨道。如今，社区居民几乎家家户户种植蔬菜，从最初的几十户发展到现在的500户，蔬菜品种也从最初的4 ～ 5种发展到现在的近60种，几乎每户居民种植的蔬菜均达近20种。

如今再步入高碑店西社区，放眼望去，原本钢筋混凝土建成的阳台如今被浓郁的绿叶掩映，上面结满了丰硕的果实：番茄、香炉瓜、丝瓜、苦瓜、辣椒……家家的阳台披上绿色，廊架种植的丝瓜、葫芦和盆栽挂架种植的花蔓草、旱荷花等尽收眼底，在街区形成绿色景观，甚是养眼 。

城市发展需要加强生态建设，而阳台菜园恰好可以为城市添加“绿肺”改善环境。这对生活有着更高追求的百姓来说，忙碌的工作之余，在自家一方田地中，松土浇菜，整枝打杈，既放松了身心，又让家人吃上了亲手种植的有机果蔬，更为建设生态文明社区提供了成功的范本。

(2) 阳台菜园使沟通零距离　阳台菜园不仅改善了社区的生态建设，也为创建和谐家庭与邻里关系作出了特殊贡献。与京城其他高层建筑小区不同，走进高碑店西社区，感受最大的是这里的居民总是热情邀请邻居朋友或者村干部到家中小聚。一边为朋友们分享自家阳台菜园产出的果实，一边相互交流种植过程中的成功经验。

87岁的陈孝先老人年轻时是农业技术员，种菜是他的最大爱好。可是退休后村里没有了农业，老人仿佛失去了事业重心，整天没着没落的，常常因为琐事与家人闹点小矛盾。自从家里阳台种了菜，老人仿佛又找到年轻时田间劳作的感觉，他将自家阳台开辟成菜园，种植了几十种蔬菜，整日只顾着育苗、浇水、施肥、松土，忙得不亦乐乎，再也没和家人闹过矛盾。村里与他一样有着农耕情节的老人，如今一提起自家阳台菜园，也都满脸洋溢着幸福。

更为可贵的是，阳台菜园也为社区干部与居民之间搭建了沟通的桥梁。如今走街串户指导阳台种菜成为社区干部的一项重要工作，近期社区还准备开展阳台菜园摄影作品比赛。而在以前，这样的事情开展起来难度相当大，如今只要提起菜园，每个居民都会积极响应，不会摄影的也都争先恐后学习摄影知识，准备在大赛上一展自己丰硕的成果，很多大爷大妈都成了摄影高手。

(3) 阳台菜园示范户回访摘录　“我家的阳台40多米^2，种的菜品种特别丰富，足够全家人吃，并且还可以送给邻居，促进了邻里关系。”“我的小孙女非常喜欢吃‘绿宝石’番茄，这种番茄不但口感好，外形也漂亮。她现在六七岁，已能够识别出好多种蔬菜，比书本上教的还全。”“老伴儿年轻的时候就喜欢种菜，退休后，有十多年不种菜了，总是希望能有个菜园。现在，家里的阳台菜园让他又找回了年轻时的记忆。”“家人对我的支持让我觉得很幸福。为了种好阳台菜园，儿子焊了蔬菜棚，买了小吊车，专门用来送土，孙子帮着提水，我家还被评为‘美好家庭’。现在我家的菜园看上去像个梯田了。”“阳台菜园不仅让全家人吃上了健康、新鲜的蔬菜，改善了家庭关系，还锻炼了身体。”“在家里建一个阳台菜园让我的生活变得充实，感觉到踏实。”如今，阳台菜园已使高碑店西社区成为北京通惠河南岸绿色蔬菜景观带，成为城市一景。

第二章　阳台菜园栽培设施

一、梯架式栽培设施

梯架式栽培设施是在阳台上根据不同朝向、空间大小以及种植不同蔬菜品种需求，摆放木质、铁质、钢筋以及比较流行的树脂等制作的梯架（图2-1）。木质梯架是用实木组装成阶梯花架，通过烟熏、炭化等工艺处理，防腐防霉，可以自由定制成不同层数和阶梯高度、不同载重负荷的增厚增宽梯架。市场上销售的木质梯架主要是松木产品经过炭化处理而成，木纹美观，具有仿古味道，产品不蛀虫，不容易干裂，且透气性好，防潮防晒，很适宜阳台或庭院种植。梯架底下的空间光照不足，比较潮湿，温度也低，可用于栽培喜冷凉、耐弱光的叶菜或生产芽菜。梯架每层根据光照强度利用槽式或盆栽种植茄果类蔬菜。无土栽培时，阶梯上放置栽培容器，墙壁上悬挂储液箱。营养液可以利用自身重力通过滴灌带浇灌蔬菜，也可直接利用穴盘或一定深度栽培槽进行阳台移动菜园种植和蔬菜深水培。

图2-1　梯架式栽培设施

二、立柱式栽培设施

立柱式栽培是阳台立体栽培应用较多的栽培方式。它比梯架式栽培更节省空间，能最大限度地利用家庭阳台、庭院，以及楼宇间现有的土地和空间，是阳台农业开发利用的一个很有前景的领域。叠盆式立柱栽培是目前笔者引进推广的家庭阳台蔬菜种植的主要模式，其又分为两种类型，一种为蝶形立柱式塑料组合花盆栽培，另一种为莲花形立体式塑料组合花盆栽培。

1. 蝶形立柱式塑料组合花盆

蝶形盆颜色漂亮，主要有米黄、白、果绿、粉紫、粉红、砖红6种颜色，适宜在庭院阳台搭配不同色调进行种植。可根据阳台露台空间大小、高度自由组合，形成错落有致的立柱群。一般以6个盆组合为佳，很省空间。蝶形盆还可以储水，每个花盆都有防漏槽和排水孔，附带隔水板，既防涝又保湿（图2-2）。

图2–2 蝶形立柱式塑料组合花盆

2. 莲花形立柱式塑料组合花盆

莲花形盆直径41厘米，单个高度18厘米，一套7件（底座1个、花盆6个）总高度93厘米，没有加网筛挡水板，底下都有出水孔，通气性好，利于植物生长。有多种颜色，设计新颖，结构合理，非常适合家庭种花种菜。可以根据自己的需要增加堆叠数量，最多可以高达8～10层，在自己的阳台或者庭院轻松搭建一个立体式的花园或菜园，更可以花、菜混种，好看、好玩、好吃（图2-3）。

图2–3 莲花形立柱式塑料组合花盆

三、几架式栽培设施

在中国传统园艺盆景中，讲究"一景、二盆、三几架"的审美模式。几架在盆景欣赏中起着不可缺少的作用，其造型形式及空间大小对增强盆景的欣赏效果十分重要。在阳台观赏蔬菜栽培中不仅可以借鉴盆景几架，还可以融入观赏蔬菜独特的几架栽培方式（图2-4）。

图2-4　几架式栽培设施

盆栽蔬菜一般放在阳台、平台、房顶、庭院及房门外边、窗台一角等可以利用的地方。阳台的几架有铝合金结构仿欧古典式钢制架，中国式古典仿红木、根雕或自然根制的木制几架层（有古色古香之韵味），还有树脂几架等等，可放置保健蔬菜与食花蔬菜。同时可根据蔬菜本身特点，自己动手制作瓜果蔬菜的几架：一是立杆架，就是在盆中央直立1根木杆或竹竿，高度根据需要选取，适于栽植短蔓蔬菜；二是三角架，就是盆边立3根竹竿，把顶部束绑一起，形成三角架；三是漏斗架子；四是屏式，就是在栽培槽（盆）上立多根竹竿，在中部与顶端固定几道竹竿。盆外架一般适用大盆与种植槽，如阳台上的水平架、平台水平架、平台栏杆篱架以及其他阳台廊架等。

相比梯架式和立柱式栽培的实用性，几架式阳台蔬菜栽培更侧重体现蔬菜的观赏价值。在几架的选配上，要充分考虑盆与景的造型格调。一般观花观果的蔬菜盆景，可选用较轻、颜色较深的几架；姿态柔美的观叶蔬菜盆景，应选配稳实、色深、粗线条的几架，配四角长方几；微型盆景蔬菜，比如香草、多肉、灵芝等，则要求造型精巧别致，能显示微型盆景独特的艺术效果。

下面介绍一类实用几架——立体悬挂漏窗式几架。这类几架用钢筋焊接制作，两根或三根作为垂直支架，上面相隔不同距离焊接圆环做几托，承接种植容器。可以根据阳台窗户或悬挂空间需要，焊接错落有致的几托。容器可以自己用可乐瓶或其他塑料瓶制作，也可以直接选用与几托口径大小一致的花盆（吊盆）。能用于栽植各种观赏特菜，如花蔓草（穿心莲）、紫叶生菜、苦苣等，也可配植一些小型观赏辣椒、矮生番茄或是香草，形成一道悬窗式空中蔬菜窗帘。

四、水培蔬菜设施

小型无土栽培设施主要用于室内园艺，已经成为农业特别是家庭园艺发展的必然趋势。该栽培系统及相关的配套技术，正逐步发展为一个新兴的产业。目前可用于阳台果蔬种植的小型无土栽培系统，主要包括灯芯式无土栽培、箱式深水培、潮汐式栽培、滴灌供液式栽培、营养液膜技术和雾培等几个类型。结合阳台菜园社区推广经验，笔者主要介绍几套目前展示并推广应用的小型无土栽培装置及其栽培效果。这些装置操作简单，兼具观赏性及实用性，适宜在室内栽培蔬菜和花卉。

1. 小型管道水培装置

装置结构　管道立体栽培装置栽培方法选用的是深液流法。目前小型管道家庭阳台水培装置主要包括单层管式栽培（壁挂式、梯架式、平管式等）、多层式管道栽培（2层、3层、4层等）等。应根据阳台或庭院不同空间大小、不同用途，以及结合阳台以及室内外装饰需要因地制宜选择适宜类型。它们均由栽培管道(容器)、储液箱、水泵、定时器和支架几部分组成。栽培管主体用PVC-U优质饮用水管制作。以下根据我们引进推广的装置进行具体介绍：其中，梯架式装置占地0.6米^2，设备整体高度140厘米、宽度100厘米、进深50厘米，一套5根栽培管有7个栽培孔，能栽

植35株蔬菜；3层12管多层管道水培装置，高度105厘米、宽度53厘米、长约100厘米，每管9个定植杯，单层可定植36棵蔬菜，一共可定植108棵不同蔬菜；双面梯形管道式种菜机，长90厘米、宽60厘米、高106厘米，有72个种植孔（图2-5）。不管哪种类型管道种植，都可以根据实际需要选择不同粗细、不同长度、不同高度进行私人定制。

使用方法　①育苗。将种子播在海绵块中间的小孔中，以看不见种子为宜，不要太深。播进种子的海绵块要及时浇水，以后每天喷水2～3次，保持海绵湿润。等种子发芽后，根扎出海绵块时，即可定植到设施上。也可就近购买育苗基地的成品穴盘苗，将根部清洗干净，直接定植到设施上。或者购买专用育苗穴盘在自家阳台育苗，用蛭石作育苗基质，幼苗具有2～3片真叶时，用购买或自己配备的营养液喷施穴盘，促进幼苗生长，待根系较长后，直接定植到设施上。初学者利用育好的苗定植，更加容易成功。②营养液配制与管理。先将清水注入储存箱，达到储存箱一半的容量时，将购买装置自带营养液或自己配制的营养液原液按比例注入，将水加满。营养液与水的比例以说明书或不同蔬菜营养液标准配方为准。管道水培通常用

图2-5　小型管道水培装置

于栽培叶菜，当定植完成后，开始进行营养液循环，每天循环3～5次，每次10～15分钟。生长旺盛期，营养液消耗较快，需要及时补充。但栽培过程中一般不需要更换营养液，待栽培2～3茬后再彻底更换营养液。③采收。植株长成后可以连同根系一起拔起，整株采收；也可以掰叶的方式多次采收，比如芹菜、叶甜菜等。

应用效果推介与展示　主要适用于家庭阳台或庭院蔬菜与香草种植。建议小型管道水培以种植速生蔬菜为主，如紫叶生菜、大速生、奶油生菜、紫罗马生菜等散叶生菜，以及紫油菜、普通油菜、苦苣、红芹菜、白芹菜、红甜菜、黄甜菜等既好吃又好看的蔬菜，定植后30天左右即可采收，可以不同品种、不同层次搭配种植。另外推荐利用管道水培做成一面可以吃的蔬菜香草景观墙，种植落葵（木耳菜）、花蔓草（穿心莲）以及香妃草等香料蔬菜。

2. 立柱式智能基质培装置

此装置与叠盆式立体种植有点相似，都采取直立立柱式基质栽培，但这里采用的是滴灌供液式栽培，实现了栽培自动化（图2-6）。

装置结构　立柱式智能基质栽培采用滴灌供液，目前市场产品较多，笔者以北京金福腾公司与北京市农业技术推广站共同开发的一款产品为例介绍，主要由栽培盆（包括隔水网垫）、自动浇灌系统（包括分液盒、滴箭、循环水泵、水位传感器等）、中心连接杆、储液箱等组成。栽培管主体选用一套6层，配合专用连接杆连接，整体高度1.6米（也可增减栽培盆调节高度），占地仅0.2米^2，每层可种植6组蔬菜，一共可种植36组蔬菜；实现自动浇灌，高低水位报警；拥有触摸式按键，傻瓜式操作，多种栽培模式选择等功能；底部配装万向轮，可任意移动，保证每个方向的作物都能得到阳光的照射，促使作物健康生长。基质可采用椰砖或混合草炭自由配比。

图2-6　立柱式智能基质培装置

使用方法　最好就近购买育苗基地的成品穴盘苗直接定植到设施上。也可购买专用育苗穴盘在自家阳台进行育苗，采用草炭3份、蛭石1份的比例混合，冬季可以掺入适量珍珠岩配成复合育苗基质（图2-7）。家庭播种蔬菜一般以0.5～1厘米深为宜，也可以查阅

图2-7　阳台蔬菜育苗流程（配比基质、穴盘点播、日常养护）

具体蔬菜适宜播种深度。这种栽培模式不需要苗太大，只要能带坨提起，即可直接定植到栽培盆。建议没有育苗经验的爱好者最好直接播种到立柱栽培盆，每天喷水2～3次，待出苗后直接营养液滴灌（比较省工）。此装置可以选择不同叶菜或茄果类蔬菜栽培模式进行自动滴灌。

应用效果推介与展示　由于该装置采用基质营养液立体栽培模式，不但观赏效果好，而且生产能力强，可以栽培叶菜、茄果类蔬菜、香草等各种蔬菜花卉，形成自然立体蔬菜花卉景观。

五、各种盆栽器具

盆钵类　阳台园艺中最常见、最传统的栽培容器就是盆钵类容器（图2-8）。这类容器种类繁多，五花八门，尺寸多样，通常按使用材料来称呼，如泥盆、瓷盆、紫砂盆、釉盆、塑料盆、木盆等。泥盆也叫素烧盆、瓦盆，是由黏土烧制而成，有红、灰两种，质地粗糙，经济耐用，通透性好，非常适合阳台蔬菜种植。盆的大小依其直径而定：口径8～10厘米、深6～8厘米的叫“蛋壳盆”，供培育幼苗和多肉植物用；一般为13～33厘米口径的花盆，比较通用；特大盆径的花盆有39～59厘米，比较适宜叶菜和羽衣甘蓝等，通常用于制作阳台蔬菜盆景。瓷盆、紫砂盆、釉盆色泽好，有各种花草图案，有的古朴典雅，有的色彩华丽，但透气性、排水性较差，可以栽培观赏蔬菜如观赏辣椒，或是作为套盆摆放蔬菜盆景。塑料盆轻便、价格便宜，但通气性和排水性差，容易老化。盆钵类容器形状以圆形居多，也有长方形。目前市场流行的树脂种菜盆，尺寸多样，规格很多，比较环保实用。

图2-8　不同材质盆钵

箱槽类　包括木箱、木槽、泡沫箱、塑料种植箱等（图2-9）。木箱一般可用木板为材料自制，或用木质包装箱改装成方形或梯形种植箱，与种植梯架组合搭配造型一体使用。木箱(槽)应在里面做防腐处理或铺一层塑料薄膜，以减少土壤水分对箱体的腐蚀。箱槽类容器一般为长方形，在阳台摆放或悬挂都比较节省空间，特别实用。这里重点介绍几款实用容器。阳台炭化防腐木质落地网盆桶种植槽，靠背有一体的弧形网格花架，可作为藤本蔬菜、花卉的爬藤架，或是作为阳台栅栏隔断。可根据不同空间选择不同规格和风格的产品，美观实用。另外一款炭化木制网格花槽，种植槽悬空，网格花架做底座支撑，既可以直接种植蔬菜，也可摆放花盆，两面网格可以下垂或悬挂种植盆。另外市场流行家庭塑料（树脂）立体式阳台蔬菜种植箱，又称百变种植箱，既可以单个独立种植，也可以选择不同颜色、不同规格箱体多个随意组合堆叠、架空，在阳台、屋顶、天台种植各种蔬菜花草。该种植箱使用了全新PP原料，与一般塑料相比其化学稳定性好、无毒、牢固耐用、不易变形，为延长使用寿命还添加了抗氧化剂和紫外线吸收剂，一般能用七八年。与一般种植箱相比，该种植箱底部预设有蓄水层，使浇水间隔成倍延长，而四面的透气孔又能使多余的水自动排出，且不使土壤和养分流失，既有利于保持环境清洁，又能促进植物根系呼吸。

图2-9　种植槽与种植箱

袋式容器类　内盛基质进行栽培的各种塑料袋称为袋式容器。一般由聚乙烯材质制作而成，抗紫外线、防腐、防漏、防晒、耐热。也有由麻袋、布袋材质制成的。袋式容器优点是经济、简易、灵活，塑料袋的大小、形状、放置方式可随场地空间而改变，特别适合立体空间利用，进行多层次、多组合的阳台园艺装饰栽培。小型袋式容器可以挂放在阳台的支架或墙上，也可放在其他容器的间隙，充分利用光能和空间。目前阳台食用菌种植就是一种典型利用小型袋式容器栽培模式（图2-10）。

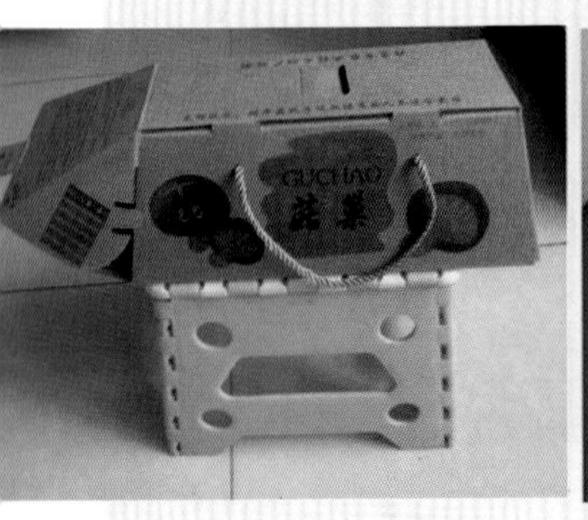

图2-10　小型袋式食用菌容器栽培

第三章 阳台菜园景观创意设计

一、发展现状

阳台菜园景观创意设计作为一个综合性、复杂的交叉学科，涉及现代家庭园艺、植物学、景观设计学、环境艺术设计学、园林工程学、建筑学、美学、环境心理学以及建筑学等多种学科，当前在学术上还没有明确的定义范畴，在实际生活中，多采用园林景观设计、创意设计的理念和手法进行操作。园林景观设计是在传统园林理论的基础上，具有建筑、植物、美学、文学等相关专业知识的人士对自然环境进行有意识改造的思维过程和筹划策略。相对园林景观，阳台菜园具有拓展城市绿化空间和蔬菜生产功能，因此阳台菜园景观创意设计可以理解为：利用园林景观设计理念与手法，对阳台、屋顶及庭院等城市空间有意识改造开展蔬菜种植活动，使其具有生产功能价值、生态环境改善价值以及美学欣赏价值。

在讲求“亲近自然，绿色生活”的潮流下，阳台菜园进家庭的革命迅速到来，它不仅是对生活高境界的一种追求，也是一门全新的生活艺术，更是一种时尚高品位的生活方式，是一项利国利民低碳环保的城市朝阳产业。与其相辅相成的景观创意设计，将发展为一种新兴的学科门类，引起越来越多的学者与研究人员的关注和重视，并以其富有创造性的思想、理念与设计方式推动阳台菜园及相关产业的发展。

二、设计原则

以人为本 “天地万物，以人为贵”。人作为阳台种菜的主体和受众，人的需求是一切阳台种菜创意设计的根本出发点。景观设计应充分考虑居民对生活环境的质量要求和对环境中审美感受的营造，在满足人的居家生活的基本要求上，重视居民的情感需求和精神享受，立足于居民的实际环境和现实需求，结合当地风俗人情和情趣，以当地适种农作物为主，营造舒适宜人、富有个性且具一定收获价值的阳台菜园景观，提高居民的自豪感和归属感。

绿色安全　这是阳台菜园景观设计应首要满足的最基本要求。就阳台菜园而言，绿色安全主要体现在两方面：一是施工场地条件安全，设计时要具有预见性，充分全面分析阳台承重、防水、阻根等场地基本条件，对可能存在的不安全因素提出科学、合理的防范措施；二是蔬菜生产安全，在蔬菜生产过程中综合利用绿色防控技术，采用农业防治、物理防治、生物防治、生态调控以及科学、合理、安全使用农药的技术，达到有效控制农作物病虫害，确保农作物生产安全、农产品质量安全和居住环境安全。

生态环保　这是阳台菜园景观创意设计的前提条件。阳台菜园既要满足居民对景观的需要，又不能破坏生活环境质量，力求实现景观的可持续性。一方面依据生态学原理和经济学原理，运用现代科学科技成果和现代管理手段，采用可再生资源和生态材料进行形式和功能的重建，实现农业废弃物循环利用，以及最大限度减少不可再生资源的消耗；另一方面通过有效的设计，充分考虑农作物的生态特征以及各种作物的配置关系，建立一种结构合理、功能健全且种群稳定的农业生态系统，力争建立完成以后保持长期的稳定状态，减少化学肥料、农药及其他农资的投入。

环境协调　这是阳台菜园景观创意设计的必要条件之一。应立足阳台、屋顶、庭院等建筑物空间种植环境和当地气候条件，结合居民区的建筑风格、民俗风情和名胜古迹文化，依据农作物和绿化植物的生长规律，因地制宜地选择阳台绿化材料和植物栽培方式，营造与建筑区特点相符的阳台菜园景观风格，特别是临街阳台菜园布置的整体效果与周边建筑物的协调一致性。

效益综合　效益综合实现最大化是阳台菜园景观创意设计的最终目标。阳台菜园采用蔬菜、果树等经济作物为绿化材料，在保留传统城市空间绿化注重生态效益和社会效益的基础上，引入经济性收入的属性，并通过运用立体栽培、无土栽培等现代种植模式，拓展作物种植面积，显著提高土地利用效率和作物单产，实践证实可提高10～20倍。设计注重经济、生态、社会效益的协调发展，通过现代农业、现代园艺技术的集成创新，降低阳台种菜成本，改善人居生活环境，提高效益，实现阳台菜园三大效益的高度统一。

三、设计方法

空间布局　依据农作物和绿化植物生活习性，以及建筑空间的造景条件，注重居民情感需求和艺术感营造，运用园艺、空间规划、环境艺术设计等技术进行规划布局，整合优化各种生产要素，针对性选择栽培作物品种和栽培管理技术，对自然

景观结构、空间及组合规律进行模仿，做到整体与局部统一，当前景观和场景景观效果兼容，通过植物的色、形、香等衬托气氛，运用创设意境的表现手法，突出主题，提升景观空间的文化品位。阳台绿化布置时，要注意阳台地面、扶手栏杆、阳台顶部及阳台内面墙体等多种环境的绿化层次，形成阳台内外结合和上下结合的多层次、多功能、艺术感强的阳台菜园模式。

作物搭配　作物搭配主要涉及两方面的内容：一是作物经济产出需求。依据作物开花时节、收获季节等生物学特性，科学合理搭配作物品种和数量，做到四季有花、四季有果，实现经济收入最大化。二是阳台菜园造景需求。根据居民区建筑风格、植物环境以及季相变化，结合植物生长习性、观赏特征、植物形态，依照远近结合、层次丰富、形式多样、色彩和空间大小、形式上协调一致的原则，合理进行植物品类、栽培方式、绿化形式以及管控技术的选择，力求实现阳台菜园的空间结构层次和景观艺术效果。

色彩搭配　色彩作为景观设计要素之一，也是人文环境的重要组成部分。色彩的运用既要讲求视觉上的对比、调和的合理搭配，又要合理利用色彩的象征意义，重视色彩的心理效应。因此，阳台菜园的植物和种植材料的选择，要协调周围环境的色彩、质地和性状等，赋予阳台丰富的意境和内涵。例如红色为血与火的颜色，意味着热情、豪放、喜悦、活力，给人以艳丽、芬芳、甘美、富有生命力的感觉；黄色象征太阳的颜色，意味着光明、辉煌、柔和、轻快，给人以崇高、神秘、华贵、尊严等超然物外的感觉。

文化承载　将历史文化、风俗人情、诗词歌赋等文化性内容注入阳台菜园景观创意设计，可以宣扬城市地域文化和传统文化，彰显城市独特魅力。同时阳台种菜作为一种城市休闲健康生活方式，可以缓解居民压力，放松心情，享受田园生活乐趣，引导孩子们参与农事活动，了解植物生长的生物知识，感悟成长历程，培养勇敢耐劳、勤俭节约的精神，传承自然和谐的农耕文化。

科技创意　随着高新技术在景观领域的广泛应用，新材料、新技术、新设备为景观创作开辟了更广阔的天地，使得景观的各种功能更易于实现，让设计获得更大的自由，能够作为符号传达功能之外的更多情感和个性信息。同时，景观设计理念和设计手法随之发展变化，带来一个全新的美学观念，也就是我们所说的技术美学，运用美学原则改善居住环境，使人产生审美情感，提高居民自豪感和幸福感。

艺术设计　引入美学理念，注重文化、艺术和社会等地缘人文内涵注入，借鉴古典园林景观设计技巧，运用意境错觉、借景、联想、自然物象类比等手法营造优美的阳台菜园，重视功能定位和空间布局，提升山、石、水体、建筑物及植物等物质要素的形式美感和艺术美感，充分体现功用和审美、技术与艺术的有机结合，表达居民对美好生活向往的思想情感。

四、设计模式

1. 室内阳台

(1) DIY创意设计观赏盆景　所谓DIY创意观赏盆景，就是自己动手创作组合盆栽，运用艺术手法，将具有观赏价值的蔬菜置于盆体内，并配以饰品及创意寓意，用于美化居室环境和寓情于物。制作盆景的蔬菜品种以植株矮小紧凑、颜色艳丽，姿态奇特或优雅，观赏期长、果实不易脱落的品种为佳，主要分为观叶类和观果类，观叶类的有紫叶生菜、落葵、羽衣甘蓝、乌塌菜等；观果类的有观赏樱桃番茄、迷你型五彩椒、袖珍南瓜、观赏茄子、秋葵、观赏西葫芦等（图3-1、图3-2）。

图3-1　创意观赏盆景（一）

图3-2　创意观赏盆景（二）

图3-3　芽苗菜种植模式

(2) 芽苗菜无公害家庭种植模式　芽苗菜是利用各种豆类、谷类等植物的种子培育出的供食用的芽苗，如香椿苗、豌豆苗、蚕豆苗、萝卜苗、荞麦苗等。它是一类活体蔬菜。芽苗菜富含植物活性蛋白、维生素、矿物质、膳食纤维以及多种生物活性物质，并且发芽过程中产生易被人体消化、吸收和利用的低分子活性植物蛋白，营养和保健价值极高。芽苗菜的生长主要靠种子里储存的营养物质，无需使用任何肥料，也很少发生病虫害，无需使用农药，是真正意义上的绿色蔬菜。芽苗菜是家庭阳台种菜的首选。它采用无土栽培技术种植，具有洁净、绿色、营养、保健等特点，而且生产周期较短，很少发生病虫害，种植管理简便，不仅让人享受到新鲜、绿色的放心蔬菜，体验到蔬菜种植与管理的乐趣，还可美化家居环境、净化室内空气，甚至能取得一定经济效益（图3-3）。

(3) 家庭阳台鱼菜共生模式　室内鱼菜共生是利用蔬菜扎根生长在养鱼的水体中，通过根系吸收鱼在水中的排泄物、剩余饲料，使养鱼水体自然净化，水质得到改善，同时可收获蔬菜的一种阳台种植模式。家庭鱼菜共生系统立足于家居环境，趋于观光休闲、特色种养，将设置有蔬菜无土栽培床的鱼缸放在阳台或露台，种养蕹菜（空心菜）、小白菜、芹菜、生菜等叶菜类，利用水上种菜增加养鱼水体的透明度和溶解氧含量，降低氨等有害气体，建立生态、环保、洁净的生产生活系统。家庭鱼菜共生系统中菜根吸收从鱼缸中抽出的"有机水"营养，只要给鱼喂饲料，不必换水，无需为蔬菜施肥，鱼分泌的黏液可抑制蔬菜根系病害，根系分泌的有机酸又能让鱼更健康（图3-4）。

(4) 立柱式立体栽培模式　该模式是将栽培器皿垂直方向垒叠成一定高度，呈立柱状，在其上种植蔬菜或花卉，并利用营养液自循环漫灌式回水系统类满足植物对水、气、肥的需求而进行的一种栽培方式（图3-5）。它集立体栽培、无土栽培、设施栽培于一身，具有技术新、工艺化、节水环保、绿色容量大、美观、易管理等优点，能较好地满足人们种植植物的需求。用于蔬菜无土栽培，可避免土传病虫害的发展，杜绝重金属和土传有害物质的污染，生产出的蔬菜鲜嫩可口，干净卫生，绿色无公害，并且可提高土地利用效率。据统计，立柱式栽培方式单位面积产量是常规栽培的2 ～ 4倍，具有良好的经济效益。

图3-4　鱼菜共生模式

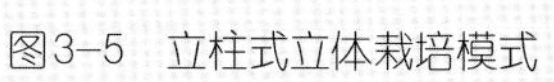

图3-5　立柱式立体栽培模式

2. 室外露台

（1）阶梯式立体种植模式　该模式是利用阶梯式栽培架放置花盆、种植槽等栽培器皿，形成“梯田式”结构，并配置智能化管理系统，满足植物对光、水、肥的需求（图3-6）。阶梯式立体栽培模式可避免植物之间相互遮挡，充分利用阳台空间和太阳能，提高土地利用率和果蔬单位面积产量。并且通过采用基质栽培或无土栽培方式，解决设施栽培的重茬障碍，提高果蔬的品质和经济效益。

图3-6　阶梯式立体种植模式

（2）廊架式立体种植模式　就是利用葡萄、丝瓜、南瓜等蔬菜具有缠绕性和长蔓性，在铁丝、绳索等牵引扶持下，攀爬在阳台凉亭、景观廊架或种植棚架上，用于点缀阳台和果蔬生产的一种立体种植方式（图3-7）。廊架式立体种植模式具有以下优势：一是可遮阳庇荫，并可将阳台划分为相对静谧的空间，以改善人居环境，方便居民活动；二是可降低棚架下温度和保持一定的湿度，有利于喜阴作物的生长，并且作为一种立体种植模式，具有提高土地利用率，增大单位面积产量的作用；三是廊架作为景观设计的一大要素，可烘托主景，丰富景观层次感。

图3-7　廊架式立体种植模式

（3）管道立体栽培模式　该模式是利用PVC、PE等管道为作物栽培和营养液循环载体，利用计算机微控制技术实现营养液供给和温度、光照等环境因子的智能化控制，让植物在管道上正常生长（图3-8）。管道立体栽培模式可根据阳台空间布局

结构，就地进行结构改造，实现阳台空间最大化利用；并且根据艺术效果设计造型，增加阳台空间美感以及视觉感受；营养液循环利用设计，解决了土壤环境肥水管理难度大、技术要求高的问题，适于城市洁净环境下果蔬的栽培，适于居民不懂肥水管理技术下进行傻瓜化栽培，适于水资源匮乏情况下的最节水化栽培。

图3-8　管道立体栽培模式

（4）墙体立体栽培模式　该模式是将特定的植物栽培器皿依附于建筑物墙面或自建墙面上，在其上种植植物，实现植物立体种植、高效利用空间的目的（图3-9）。墙体立体栽培模式的植株采光性较普通平面栽培更好，所以太阳光能利用率更高；可以利用不同颜色的植物种植出造型文字、各种图案等，可用于生态餐厅和温室或其他景观场所作为围墙或隔墙使用；室外墙体栽培模式还具有降低噪音、美化环境、净化空气、增加城市绿化覆盖率、改善生态环境等作用。

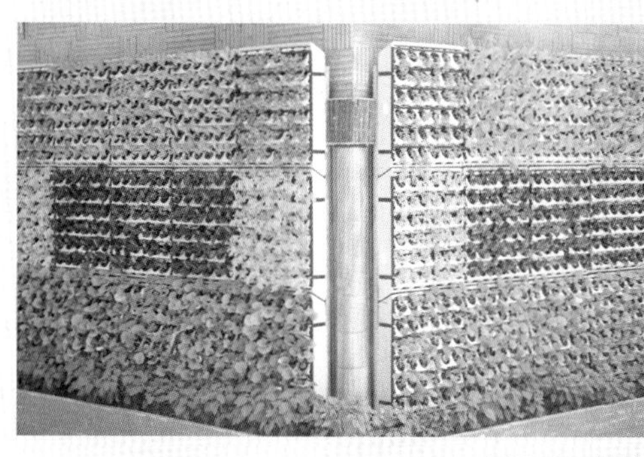

图3-9　墙体立体栽培模式

（5）悬挂式立体种植模式　该模式分为两种情况：一种是将种植完成的种植槽、花盆等栽培器皿悬空挂于屋顶、棚架上，达到立体种植目的的种植模式；另一种是将悬挂式花盆或种植槽通过挂钩挂于护栏、围墙等结构之上，实现植物种植的目的（图3-10）。由于受到墙体承载、阳台空间以及生长特性等因素的限制，阳台悬挂式立体种植模式不能大面积种植，只能点缀使用，增加阳台层次感和情调。

（6）气雾高新栽培模式　气雾栽培是利用喷雾装置将营养液雾化为小雾滴，直接喷射到植物根系以提供植物生长所需的水分和养分的一种无土栽培技术（图3-11）。气

图3-10　悬挂式立体种植模式

图3-11　气雾高新栽培模式

雾栽培是所有无土栽培技术中根系的水气矛盾解决较好的一种形式。它是基于人工创造作物根系环境代替土壤环境的一种农业高新技术，可有效解决传统土壤栽培中难以解决的水分、空气、养分供给的矛盾，使作物根系处于最适宜的环境条件下，从而发挥作物的增长潜力，使植物生长量、生物量得到大大提高。

3. 庭院

（1）庭院间作套种模式　主要是利用庭院果园或棚架下的空闲地与空间进行蔬菜、食用菌生产，提高水、肥、气、热的利用率，实现多层收获（图3-12）。间作的蔬菜大多以低矮的蔬菜为主，如大葱、洋葱、甘蓝、球茎甘蓝、马铃薯（土豆）、西葫芦、食用菌等，间作的食用菌主要有平菇、草菇、双孢蘑菇，且与果树无共同的病虫害。

（2）庭院浮床式鱼菜共生立体种养模式　有条件的庭院可设置池塘等水面景观，采用“水上种菜，水下养鱼”的鱼菜共生立体种养模式，形成“鱼肥水—菜净水—水养鱼”的生态循环系统（图3-13）。这种模式有以下优势：一是丰富庭院空间布局，提升层次感，并且增加水体这一活性设计主体，增加庭院“动静结合”的灵性；二是水上植物有效吸收鱼类排泄物、生物残骸、残饵以及分解产生的铵态氮、亚硝酸盐和有害气体，减少水体富营养化现象，降低鱼病发生率；三是充分利用庭院空间，提高资源利用效率，增加经济效益。

图3-12　庭院间作套种模式

图3-13　庭院浮床式鱼菜共生立体种养模式

（3）庭院与屋顶循环式鱼菜共生模式　鱼菜共生是一种新型的复合耕作体系。它把水产养殖与水耕栽培这两种原本完全不同的农耕技术，通过巧妙的生态设计，达到科学的协同共生，从而实现"养鱼不换水"而无水质忧患，"种菜不施肥"而正常成长的生态共生效应（图3-14）。鱼菜共生属于"种养结合"生态循环农业。生产蔬菜不需打药，不需施肥。水中养鱼，池水种菜，蔬菜在生长过程中吸收水中的富营养物质，既能净化水体，减少鱼病，同时鱼的排泄物又为蔬菜生长提供了丰富的营养，生产出的蔬菜达到绿色有机蔬菜的标准，实现了养鱼池与无土栽培植物组合的"黄金搭档"。不仅很好地解决了水资源及环境污染问题，而且不需要土壤与自然水体就可以实现蔬菜的种植与水产品的养殖，让养殖种菜走进城市社区、走向居民的楼顶阳台。

图3-14　庭院与屋顶循环式鱼菜共生模式

(4) 庭院设施蔬菜栽培模式　开展日光温室、塑料拱棚栽培，以春提早、秋延后及反季节蔬菜栽培为主。庭院内温度高，不易遭受冻害，且易管理，能够精耕细作，充分利用庭院的水、肥、气、热和劳动力资源，发挥庭院的优势（图3-15）。在水资源缺乏的地区开展此项精细农业，可以使有限的水资源发挥其最大的经济效益。

图3-15　庭院设施蔬菜栽培模式

4. 屋顶

(1) 填土式屋顶农场模式　填土式屋顶是屋顶农业基质填充的主要方式，应用较广泛。所谓直接填土式，即在保证建筑物屋顶承载安全和防水层完好的前提下，从下到上依次铺设防水层、阻根层、排蓄水层、隔离层等，隔离层以上填充15 ～ 30厘米基质。由于屋顶承重的限制，基质主要以田园土、草炭土、珍珠岩、蛭石、动物粪便等搭配而成，使之既能保持一定的肥力，又能最大程度减少单位面积屋顶承重，保证生产和建筑安全（图3-16）。该模式一般应用面积较大，土层较深，对于常规的农事活动，如翻耕、播种、施肥、收获等，可以实现小型农用机械的“空中”作业。但由于土层深度和屋顶环境的限制，表层水分蒸发剧烈，深层土壤对上方土层的水分补偿作用有限，所以在此种模式下，水分消耗远高于大田，亦高于其他屋顶覆土模式；此外，对于由材料老化或操作不慎导致的防水层、阻根层损坏，修补起来需要付出极大代价。

(2) 组合式屋顶农场模式　组合式农场是以近10年来兴起的屋顶绿化有关技术为模板，主要运用模块承载基质的方法，在屋顶进行农业活动的一种形式（图3-17）。通常采用50厘米×50厘米（±5厘米）的正方形模块组平铺于屋顶防水层上，内部填充10 ～ 15厘米厚的轻型基质。模块下部约5厘米为蓄水槽，上方有隔离板与基质层分离，模块边缘用不同形式的卡槽进行模块之间的固定连接，广泛适用于不同面积的屋顶环境，是一种相对简便、安全的基质承载方式。该模式以模块铺设为特点，不必在防水层以上设置阻根层、二次防水层等，对模块的设计与材质选用要求较高，优点在于施工快捷，节约劳力，对于老化模块的更换及防水层损坏的修补较为便利；此外，由于独特的蓄水槽设计，使下部水分能够在很大程度上补偿

图3-16　填土式屋顶农场模式

图3-17　组合式屋顶农场模式

表层土壤的水分蒸发，增强屋顶覆土层对自然降水的利用效率。但是，从模块组链接及稳定性安全考虑，模块整体高度一般不超过20厘米，致使基质深度过浅，极大地限制了屋顶农场种植品种的选择。

（3）菜畦式屋顶农场模式　菜畦式屋顶农场是在屋顶范围内利用内部空心的条形砖石、水泥、木料等材料构建大小适宜的封闭式菜畦，底部仍然铺设二次防水层、阻根层、隔离层，其高度一般为25 ~ 35厘米，内部填充种植基质（图3-18）。菜畦外的屋顶范围作为过道，既可裸露，也可平铺木板、石块、塑料等材料加强保护。该模式的优势在于土层较深，稳定性高，对多数种植品种拥有较强的亲和能力，下

图3-18　菜畦式屋顶农场模式

层土壤对表层土壤的水分补偿能力要强于填土式。但是由于使用材料多是砖石水泥，施工过程较为繁琐，工作量较大，故对劳动力的数量和质量有一定要求；此外，即使是采用了空心条石结构，单位面积屋顶承受的压力仍然大于其他覆土模式，所以在计算承重和施工过程中必须慎之又慎。

五、创意设计产品介绍

1. 阳台菜园立体式食用菌栽培架

专利简介：

该专利（专利号：201620082767.8）提供的栽培架，能够保证食用者在家中自行种植菌类，例如木耳、平菇等，从而获取到既新鲜又低成本的菌类食用，还能够最大程度地利用种植空间，以提高作物采收量（图3-19）。

产品创意：

栽培架整体架构上窄下宽呈圆锥体，以及对称性设计，可有效保证装置的稳定性。

阳台菜园立体式食用菌栽培架便捷式组装设计，方便栽培架运输与施工。

栽培架立体式固定方式设计，可拓展菌类、植物生长空间，增加阳台空间利用率，提高阳台单位面积产出。

上中下三层盆体设计，在增加植物种植空间的同时，具有调节栽培架菌类生产小气候的作用。上层盆体茂盛的植株不仅可为菌类的生产遮阴挡风，降低局部环境温度，还可以减少雨水冲刷，起到保护菌类、菌棒的作用；中下盆体植株的蒸腾作用，可增加局部环境湿度，降低温度；上中下盆体直径依次增大，起到稳固栽培架的作用。

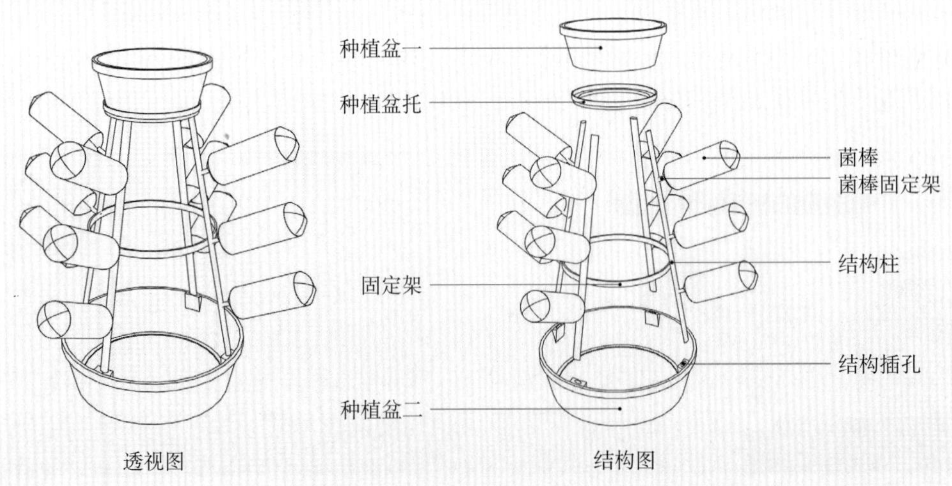

图3-19 阳台菜园立体式食用菌栽培架

2. 阳台菜园多规格卡槽式种植盆

专利简介：

该专利（专利号：201620082807.9）可有效解决现有技术中的种植花盆放置到阳台墙体、道路护栏以及办公桌隔板等支撑体上时容易发生倾倒的问题，并具有蓄水功能，清洁美观，应用领域广泛（图3-20）。

产品创意：

种植盆采用内外双层盆体组合设计，具有以下优势：一是内盆可自由拆卸，方便植物栽培与更换；二是内盆底部设有凸台，内外盆体之间隔离出空间，可以用作储水层，且设有排水板，过滤基质杂质，收集多余的灌溉水和雨水，也可作为空气流通层，以防植物烂根，还能作为阻根层，有效防止植株根系对外盆的破坏。

储水层与植物栽培层通过吸水带（用材：宣纸、吸水棉）连通，通过虹吸作用将蓄水层的灌溉水引入种植层，控制浇水量，减少浇水次数，起到一定的节能减排作用。

通过卡槽的卡接固定能够有效地增加种植盆与阳台墙体的接触面积，且种植盆与阳台墙体的固定方式为两个端面的垂直卡接固定，从而能够有效地提高种植盆的稳固固定效果。

内盆设有隐藏式提手，方便内盆拆卸，且美观大方。

外盆设有注水孔和排水孔，控制储水层水量。

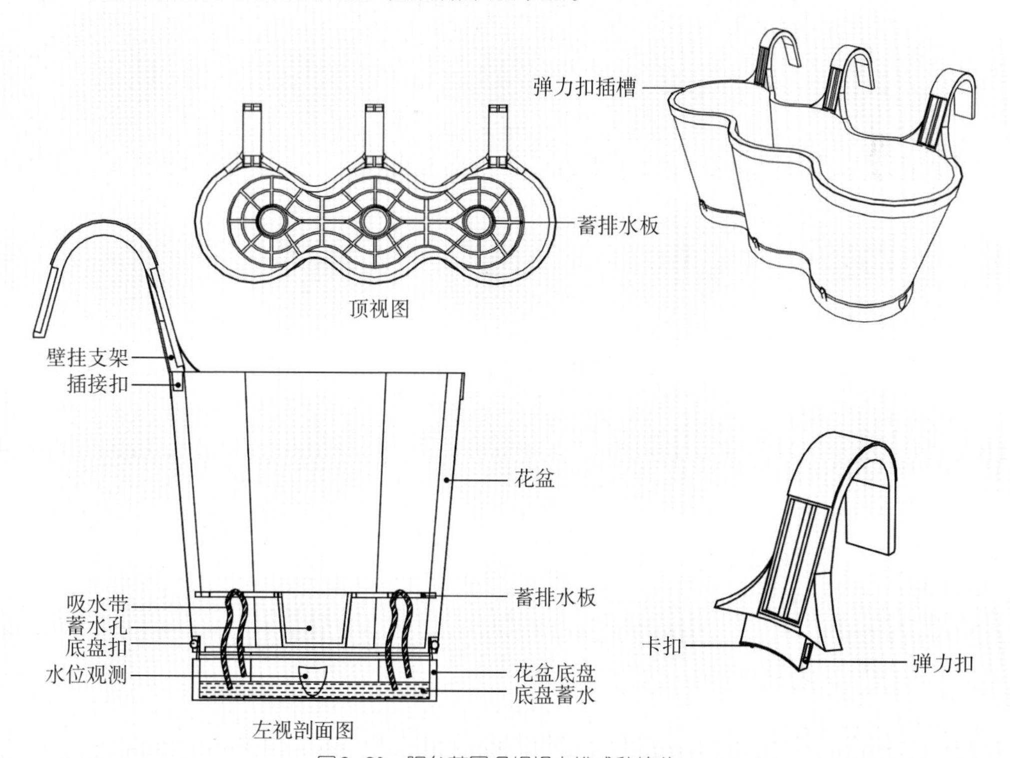

图3-20　阳台菜园多规格卡槽式种植盆

3. 自动浇水花盆

专利简介：

该专利（专利号：ZL201520005165.8）主要由种植盆、蓄水瓶、托盘和蓄水瓶固定槽四部分组成，其中托盘、蓄水瓶固定槽与种植盆体为一体，不可分割，蓄水瓶可自由拆卸；花盆主要应用于办公室、商店、家庭等室内绿化；利用大气压、虹吸作用等物理原理实现自动浇水，节约资源，低碳环保，绿色生活（图3-21）。

产品创意：

自动蓄水。在大气压的作用下，只有当蓄水瓶下端瓶口露出托盘水面时，蓄水瓶内的水才会流入托盘内；当蓄水瓶下端瓶口没入托盘水面时，就会自动停止向托盘内注水，并且通过控制蓄水瓶的容量，调整花盆蓄水量。

蓄水瓶自动浇水系统的设计，可保证蓄水空间水面高度的稳定性，从而保证了植物吸水的均匀性和稳定性。

多种方法控制吸水量。A. 通过控制托盘高度和蓄水瓶瓶口的相对位置，调整托盘内水面的位置，从而确定蓄水空间与种植盆底部的接触面积，控制植物的吸水量；B. 通过调整吸水带或吸水棒的长度和数量，控制植物吸水量；C. 通过调整控制层面积，控制植物吸水量（控制层由吸水基质或吸水介质构成，通过调整控制层与种植基质的接触面积，从而控制水分在基质内的扩散率，进而影响植物的吸水量）。

多种加水方式。A. 可直接向托盘内注水；B. 可直接向蓄水瓶内注水（蓄水瓶上下开口，并且配有瓶塞，方便加水和控制瓶内水量）；C. 可将蓄水瓶取下，注满水后，再安装到固定卡槽内。

可添加设计。A. 为保证卫生、美观，可将花盆上端开口，设计防尘罩等；B. 为方便操作或多次应用，可将托盘和种植盆设计为单独结构；C. 可将蓄水装置（蓄水瓶）设计为种植盆单独一层，设计为透明的或加入水位观测计，更加安全和美观。

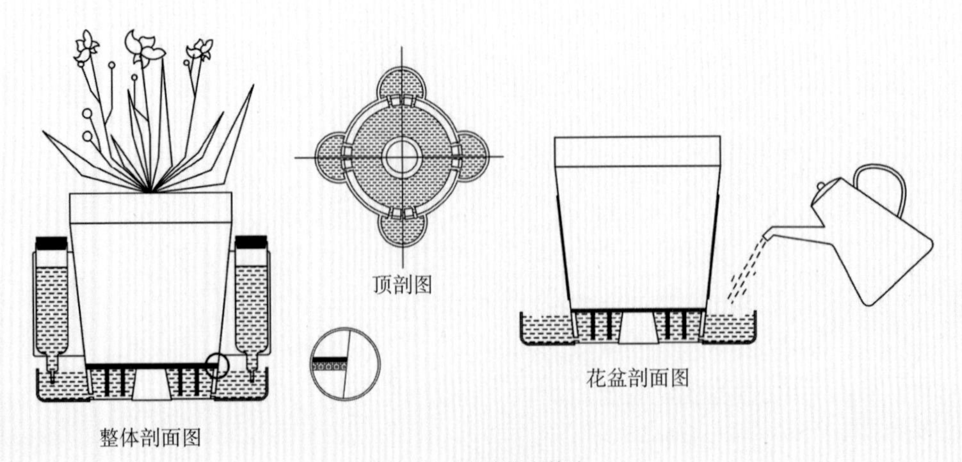

图3-21　自动浇水花盆

4. 悬挂式花盆

专利简介：

该专利（专利号：ZL201520005161.X）主要由种植箱、蓄排水板和盆体固定挂件三部分组成，用于道路护栏、阳台护栏、楼顶护栏以及墙体绿化。悬挂式花盆，通过在盆体外壁上固定连接杆，再通过连接杆和长度调节杆调整到合适的位置后，将盆体固定在墙体上，增加了花盆固定在墙上时的稳定性，使其不易在墙上脱落，保证了花盆的使用寿命和墙下行人的安全（图3-22）。

产品创意：

连接方式灵活。本发明根据实际情况，墙体可单侧绿化也可双侧连接，并设计了安全方便的连接结构。

连接宽度灵活调节。依据墙体和护栏的宽度，通过调整固定螺丝与连接杆的连接位置，适当调节盆体连接挂件与盆体的距离，以便适应墙体的宽度。

设置水位调节卡槽。可根据不同植物的生理学特性和种植植物的季节，灵活调节蓄水空间，从而调整种植箱的蓄水量。

双层蓄水空间。一是蓄排水板内的蓄水杯；二是蓄排水板与种植箱形成的蓄水空间。增大蓄水量，减少浇灌次数，降低成本。

不同盆体联通的蓄水空间。蓄水空间的连接可保证不同盆体蓄水量相当，以防工作时，由于浇灌水量的不同，造成不同盆体生长状态差异的情况。

多种盆体加固措施使盆体更牢固。一是盆体纵横加固横脊和竖脊；二是添加了盆体拉杆，防止盆体种植植物后由于重力作用而变形，进一步加固盆体；三是固定孔的设计，可以通过铁丝或绳索串联，形成一个整体，然后与外界固定物连接，更能增加盆体的固定性。

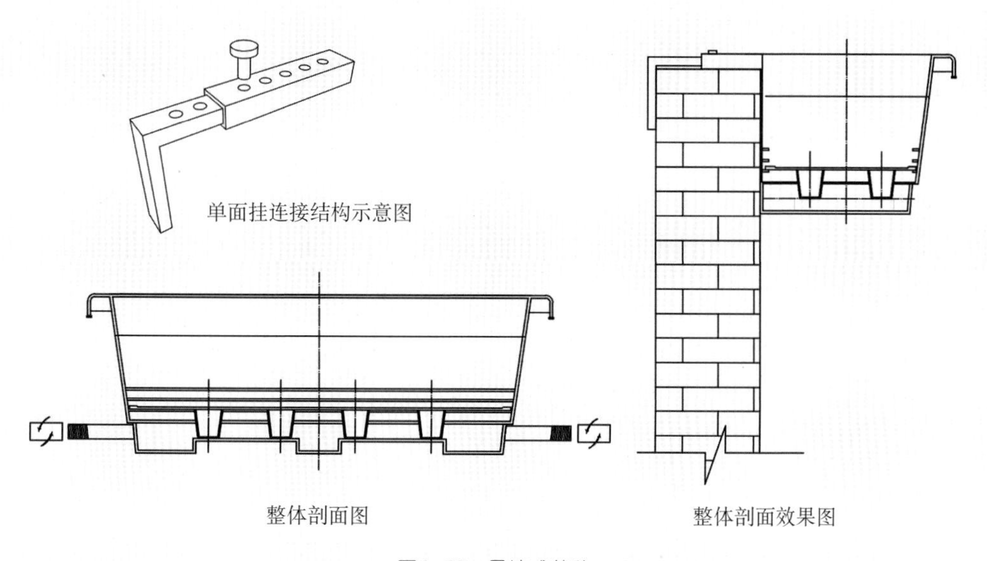

图3-22　悬挂式花盆

5. 透气蓄水吊盆

专利简介：

该专利（专利号：ZL201520006709.2）主要由种植盆、支撑盆和蓄排水板三部分组成，用于室内外悬挂式绿化，比如办公室吊顶绿化、绿色走廊点缀等。透气蓄水吊盆通过在支撑盆上设置空气交换孔，在支撑盆与种植盆之间形成一定的空间，并且在种植盆上设置根部透气孔，可以有效地防止植物烂根；通过蓄排水板下设置的蓄水区将水储存起来，可以有效地减少浇灌次数（图3-23）。

产品创意：

花盆的种植盆、支撑盆和蓄排水板为组合式，方便存放和运输，并且种植盆和支撑盆可酌情单独使用，增大了花盆使用范围。

增加的空气交换孔、支撑盆与种植盆空间以及根部透气孔三者形成根部呼吸系统，促进根部呼吸，防止植物烂根。

增加蓄水、自动吸水系统，可减少浇灌次数，节省人力与物力。

优化设计。吸水带可调节数量和长度，从而可根据不同植物需水量或同一植物不同生理时期的需水量，自动调节供水量。增加水位观测计，可方便及时浇水，并根据不同植物需水量或同一植物不同生理时期的需水量，决定注水量。

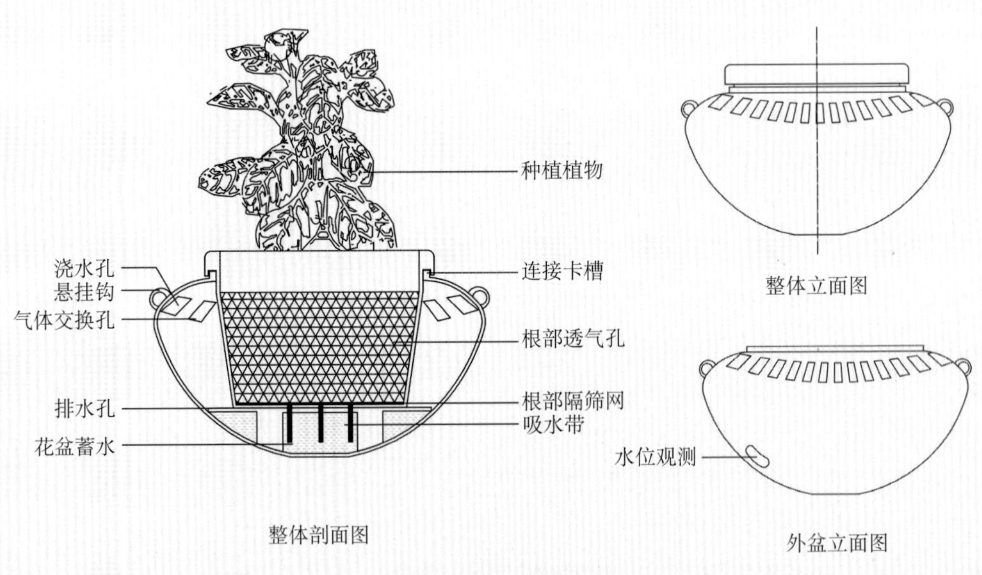

图3-23　透气蓄水吊盆

6. 自动浇水装置及花盆

专利简介：

该专利（专利号：ZL20140868914.5）主要由蓄水器、种植浮板和滴针三部分组成，用于室内外大型盆栽植物。蓄水器是根据花盆规格和植物形态而专门设计特定形状的蓄水器皿，主要包括上端的浮板种植板卡槽、下端过滤层和水位刻度；种植浮板为水培支撑骨架，可依据植物类型确定种植孔间距；滴针用于将蓄水器中的水导流到土壤基质中，供植株吸收。滴针上设置渗透孔和过滤层（图3-24）。

产品创意：

基质上端蓄水供水设置。与目前大多数蓄水装置不同，该发明设计由基质上端蓄水，供植物吸收，便于操作、节省空间、美观大方。

水培装置与蓄水装置相结合设计。可以将水培利用过的营养液用于植物浇灌，进行二次应用，节约水资源和营养液。且充分利用花盆空间美化了栽培植物。

滴针设置。利用水体自身，对植物进行渗透浇水，并且通过控制滴针数量以及其上渗透孔的数量和大小，调整水流量。

装置设有水位刻度标识，根据不同植物蓄水量或同一植物不同生理时期蓄水量的不同，设置不同水量。

优化设计。装置侧壁采用玻璃或其他透明材质，不仅美观而且可以观察植物根系生长情况，便于科普教育。

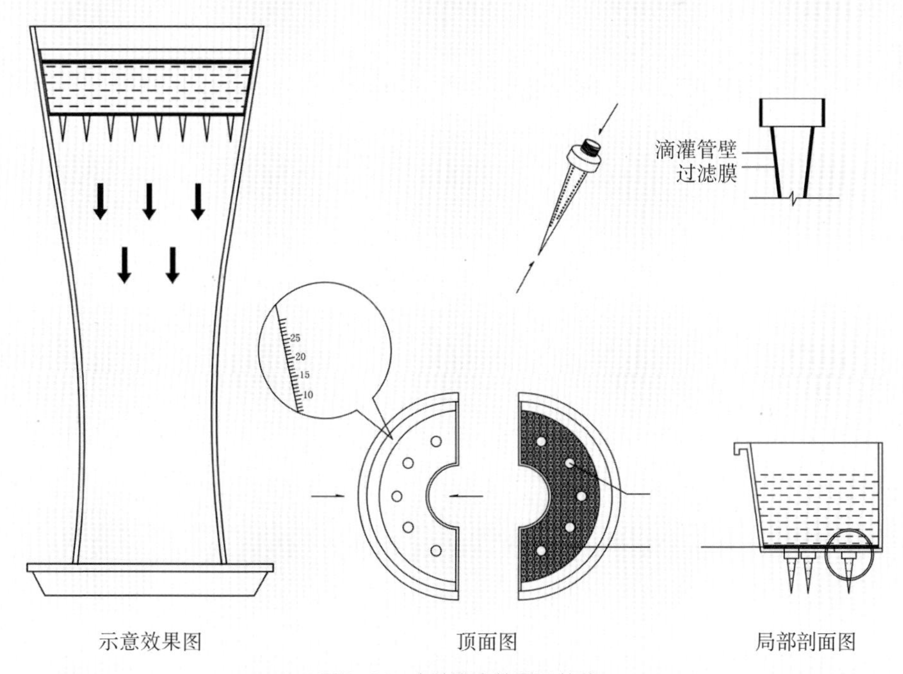

图3-24　自动浇水装置及花盆

7. 用于墙体绿化的速拼模块

专利简介：

该专利（专利号：ZL201520005163.9）分为横组合模块和纵组合模式两种类型，主要由模块支撑、栽培器以及供水系统三部分组成，用于墙体、高架桥立柱、护栏等立面绿化。速拼模块的蓄水管两端设置进水管和出水管，通过进水管和出水管的配合，可以将单层设置的通气管进行任意组合，也可以是多层并行设置，还可以是多个通气管串联设置等，因此速拼模块在使用时更加灵活，可不受场地条件的限制(图3-25)。

产品创意：

单层组合模式。目前市场类似产品多是多层组合模块，不能灵活利用空间，而该发明为单层组合模式，占用空间小，操作灵活。

单层灌溉系统。可保证全部植物灌溉均匀，墙体整体效果更好。

多种栽培模式。利用栽培器固定柱和位置调节孔调整栽培器倾斜角度，在土壤栽培模式和水培模式间切换。

多种模块组合模式。该发明存在“横—横”“纵—纵”“纵—横”3种模块组合方式，不仅可充分利用空间且操作性更强，组合选择性更丰富。

雨水或多余水收集系统。模块收集的雨水或浇灌多余水，首先通过栽培器进水孔蓄水空间储存起来，当上层达到一定高度后，会通过排水口进入下层蓄水空间内，供植物吸收。

自动吸水系统。栽培器下端和蓄水空间内的水面接触，利用基质或吸水带的虹吸作用，供给植物水分。

设置通气管道。进水管道与支撑间为通气管道，可促进植物根部呼吸，防止烂根。

栽培槽可拆卸，方便清理或更换植物。

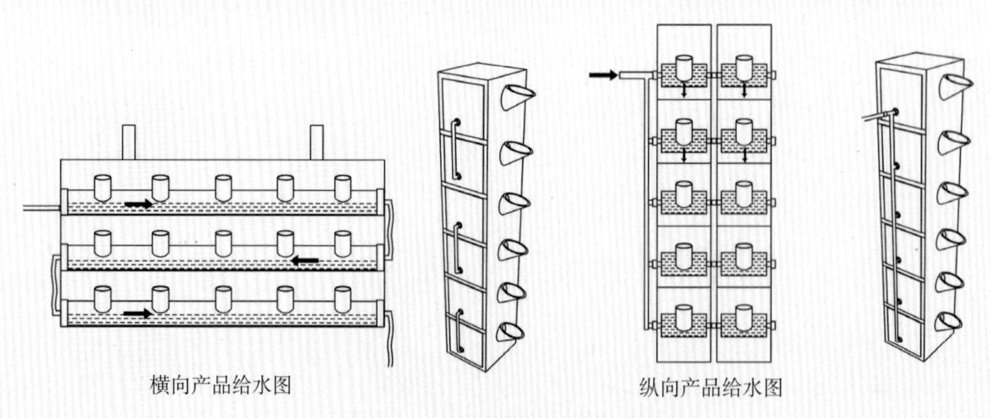

图3-25　用于墙体绿化的速拼模块

8. 快速拼接式栽培槽

专利简介：

该专利（专利号：ZL201520003757.6）主要由槽体、蓄排水板和供排水系统三部分组成，广泛用于室内外绿色植物种植。快速拼接式栽培槽能够使整个栽培槽从大拆装为较小的栽培槽，还可以再进一步拆散为竖杆、横杆和槽壁，进而使栽培槽具有较强的灵活性，既便于运输，又能适用于各种面积或各种地形种植（图3-26）。

产品创意：

完全自由组合方式。箱体可任意组合，比如：加宽组合、加高组合、多层组合、多种造型组合，最大程度满足植物生产和人民个性化需求。

内嵌供排水系统。供水系统：自动供水系统（水泵、计时器、电磁阀等）+供水管道（内嵌于立柱内）+滴灌；排水系统：多余的水由箱体侧壁导流到排水槽，然后通过排水口流入收集器皿中，排水流向：侧壁导流→排水槽→排水口→踮脚杆→排水口→收集器皿。

踮脚杆上端为螺丝、与之相连接的竖杆为螺母，通过旋转踮脚杆圈数来调节箱体高度。

竖横杆为立方体结构，彼此间连接时，接触面积更大，也就更加牢固。

双重蓄水结构：蓄水杯+蓄水池；增加了通气层，不仅利于排水，而且可给植物根部供氧。

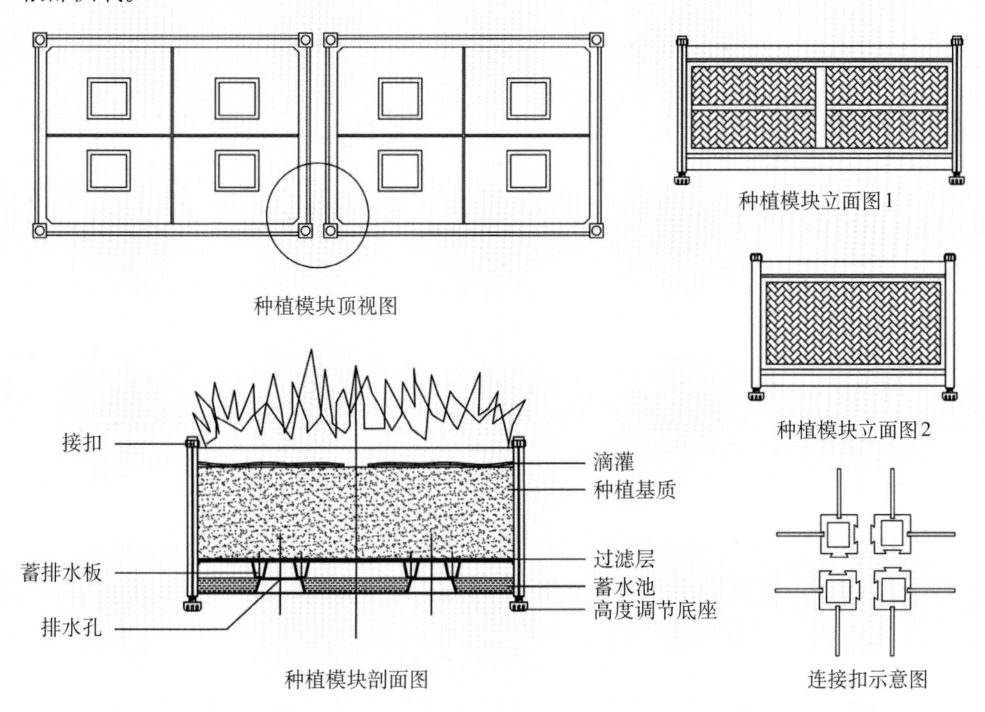

图3-26　快速拼接式栽培槽

第四章　都市型阳台菜园有机栽培综合技术

一、栽培器具的选择与基质的配制

1. 栽培器具的选择

盆栽蔬菜的容器种类很多，质地不一，形状各异，形形色色（图4-1）。常见的除了花盆外，还有桶、箱、篓、缸、槽等。盆栽蔬菜是将栽培技术与观赏艺术有机结合的园艺产品。按栽培要求，盆的质地坚固，透气性好，容纳营养土多，有利于蔬菜的生长与发育。从观赏角度出发，要求盆式美观，制作精细，小巧玲珑，挪动和摆设方便，艺术效果较好。常见的容器如下。

素烧盆（瓦盆）　用黏土做成盆坯经烧制而成。一般多为圆柱体，上大下小。因黏土类型和烧制方法的不同，有黄色、红色、青色和灰白色数种。质地疏松，表面粗糙，透气性良好。但碰打易碎，坚固性差，使用时间较长容易分化剥离，且盆内土壤温度受外界气温影响变化较大，土壤水分散失较快。

陶瓷盆　用陶土或瓷土烧制而成，表面上还有一层釉。最近还出现有仿古陶钵。

图4-1　栽培器具

紫砂盆　材质有紫砂、白砂、红砂、陶泥等，多姿多彩，新型别致，口径大者1米以上，小者30厘米，可托于掌心。造型美观，透气性较好。

玻璃钢花钵　玻璃钢是以合成树脂为黏结剂，以玻璃纤维为增强材料的高分子复合材料。它具有质轻，强度高，耐腐蚀，可做成仿大理石、仿玛瑙、仿红木等多种色彩。造型精美，立体空间感强，具有广阔的发展前景。

水盆和盆景盆　水盆盆底无孔可盛水，可供养水生蔬菜，盆景盆质地、款式较多，有紫砂陶盆、白砂釉盆、水磨石盆、大理石盆等。在外形上，有近圆形的六角形盆、八角盆、海棠盆、方盆、圆盆等，长度尺寸相近，适于栽植盆景蔬菜。

塑料盆　有紫红、乳白、淡黄等色，有的在上绘制有山水鸟兽、诗词书画。它轻便耐用，透气性差。塑料盆有各种色彩、工艺和质地。从育苗盆到大型造型盆一应俱全，保水性好，节水且美观，便于运输，比较适合阳台种菜。

石盆　常见的有大理石盆，也有采自山野的钟乳石制成的盆。

木桶　规格较大，供栽植大型植物用，口径60～80厘米，多选用耐腐蚀的柏、松、杉、柳制成。一般做成上口大下口小的四方形、六角形、圆柱形等。

套盆　套盆不是直接栽种植物，而是将盆栽蔬菜套装在里面。套盆可以防止浇水时多余的水弄湿地面或家具，同时也可把普通陶盆遮挡起来，使盆栽蔬菜更美观。由于上述功能决定套盆必须是盆底无孔洞，不漏水，美观大方。

篮篓　用竹条、柳条、塑料条编织成篮篓，或用塑料灌注而成篮篓，采用苔藓垫底、填缝，装入营养土栽种蔬菜，可吊挂、平摆，透气排水性好，质轻，造型多样。但水分散失快，温度变化大，不利于蔬菜生长。

种植槽　一般设在阳台、平台、屋顶、天井、房间走廊等处。可用砖块、钢筋水泥、石料砌成高度40～80厘米、长宽视需要而定的种植槽，槽底或底旁留出几个排水孔。这种种植为固定式，不可搬动。如用木条、竹片、铁片等轻质材料编织，底部用轻质建材制作，并装滚轮，则可移动。种植槽内放入固体基质，还可作无土栽培用。

在实际阳台蔬菜的种植过程中，还要根据不同的蔬菜品种特性选择尺寸适合的花盆进行种植。比如，种植植株较小的叶菜时，可以选择小一些的花盆或是浅一些的花盆；种植大型蔬菜时，要选择大一些的或是深一些的花盆。在各种材质的花盆中，推荐使用保水性好、节水、美观、便于运输的塑料花盆。

圆形深盆（深约30厘米，容量15升）适合种植的蔬菜品种为番茄、茄子、辣椒等果菜及萝卜、花椰菜等。

方形深盆（深30厘米以上，容量20升以上）适合种植的蔬菜品种为萝卜、胡萝卜、马铃薯、甘蓝、白菜等。

大型盆（容量35升左右）适合种植的蔬菜品种为攀爬类蔬菜，如黄瓜、苦瓜、丝瓜、小型西瓜等。

小型盆（容量7～8升）包括圆形或四方形盆适合种植的蔬菜品种为小型叶菜，如油菜、小葱、香芹、韭菜、菠菜、香草类等。

2. 栽培基质的配制

盆栽蔬菜的基质要具有优良的物理、化学性状，有一定的透气性，土质疏松，有较强的保水与排水能力。有机生态型栽培通常采用有机基质如发酵的秸秆、菇渣和玉米芯等，这种方式可大大降低蔬菜体内硝酸盐的含量。无机基质常见的有：蛭石、珍珠岩、草炭按1∶1∶2混配；炉渣、草炭按6∶4混配；玉米秸、草炭、炉渣按1∶1∶3混配；草炭、珍珠岩按3∶1混配，这些都是日常生活或市场上容易得到的栽培基质，价格也不高，经过消毒处理可连续使用2～3次。

家庭阳台栽培蔬菜时，还可以就近选择易于得到的栽培基质，比如生活小区里一些绿篱下面由于常年修剪而积累的富含有机质的腐叶土、炉渣等，或到郊区养蘑菇的大棚附近取废弃的菇渣，经发酵后与草炭按4∶6混配使用。尽量不用化学肥料，较多地使用如麻渣、花生饼等有机肥，亦可用发酵菌堆制以牛羊粪为主要原料的充分腐熟的有机肥。土壤组成以壤土、基质、有机肥按1∶3∶1混匀即可。在室内阳台蔬菜种植中为适应现代快节奏的生活和对居室卫生的要求，推荐使用商品生物有机肥、商品基质和菜园土按照1∶3∶1的比例配制。在有机肥选择上最好选用经高温灭菌充分腐熟发酵的已除味的羊粪制作的商品有机肥，在室内使用肥效好，无异味。选择盆栽蔬菜使用的土壤时一定要注意土壤安全，切忌使用受污染的土壤，最好用菜园土作为营养土配制材料。

推荐使用果蔬栽培槽。优质的果蔬栽培槽一般用抗老化塑料制成，使用年限长，重量轻，便于运输，老少皆宜。方形设计使栽培槽内种植面积利用率提高，便于摆放。图4-2是果蔬栽培槽种植前营养土装填过程。

图4-2　果蔬栽培槽营养土装填

3. 栽培基质的消毒

基质最易传播病虫草害，故在使用前必须彻底消毒。常见消毒方法如下。

蒸煮消毒法　就是把已配制好的栽培用土放入适当的容器中，隔水在锅中蒸煮

消毒。此法只限于小规模栽培少量用土时应用。此外，也可将蒸汽通入土壤进行消毒，要求蒸汽温度在100～120℃，消毒时间40～60分钟，这是最有效的消毒方法。

日光消毒法　就是将配好的基质放在混凝土或铁板上，薄薄摊平，暴晒3～15天。此法可杀死病菌孢子、菌丝、虫卵、成虫和线虫。

福尔马林消毒法　就是在每立方米栽培用土中均匀喷洒40%福尔马林400～500毫升，然后把土堆积，上盖塑料薄膜。经过48小时后，福尔马林化为气体，除去薄膜，摊开土堆即可。

硫黄消毒法　就是在每立方米基质中加入硫黄粉80～90克。此法可消毒土壤，中和碱性。

二、种植品种的选择与品种组合

1. 种植品种的选择

并不是所有的蔬菜品种都适合家庭阳台种植。笔者在几年的阳台菜园示范与推广实践中认为，阳台菜园蔬菜品种选择有以下四项标准：景观性好、丰产性高、美味可口、富含营养。阳台菜园要肩负美化家居的功能，所以景观性好是首要标准。丰产性高是指阳台菜园可以为居民解决部分吃菜问题，如在庭院和露台可以种植一些产量较高的番茄、黄瓜、茄子等茄果类作物和丝瓜、南瓜、冬瓜等廊架作物。美味可口和富含营养是指要能吃到富含营养的美味蔬菜。

另外，还要根据阳台的朝向选择蔬菜的品种。不同朝向的阳台，其光照、温度等条件差异很大。

朝南阳台为全日照生长条件，阳光充足、通风良好，是最理想的种菜阳台。几乎所有蔬菜都是在全日照条件下生长最好，因此一般蔬菜一年四季均可在阳台种植，如黄瓜、番茄、茄子、苦瓜、菜豆、西葫芦、甜椒等瓜果类蔬菜以及落葵、蕹菜等多种叶类蔬菜。但是夏季6～8月阳光充足，温度过高，要在晴天的中午（11～15时）放下遮阳帘起到遮光和降温的效果。

朝东或朝西阳台为半天日照生长条件，适宜种植喜光又较耐阴的蔬菜，如甜椒、油麦菜、小油菜、韭菜、丝瓜、香菜、萝卜等。但朝西阳台夏季西晒时温度较高，易使某些蔬菜产生日灼，轻者落叶，重者死亡，因此最好在阳台栽植耐高温的爬蔓性蔬菜，或安装遮阳百叶窗帘。在夏季，对面楼层反射过来的强光及辐射光也要设法遮挡。

朝北阳台全天几乎没有直射日照条件，仅有一些反射光照，可种植蔬菜作物的选择范围最小。应选择耐阴性好的蔬菜，如莴苣、韭菜、芦笋、香椿、蒲公英、蕹菜、落葵等，也可进行芽苗菜种植。

综上所述，笔者认为如下类型的蔬菜适合在家庭种植。

观果类蔬菜　主要有彩色甜椒、矮生小番茄、樱桃番茄、串收番茄、观赏茄、观赏辣椒、指天椒、袖珍西瓜、香蕉西葫芦、观赏南瓜、黄秋葵、红秋葵、草莓、苦瓜、瓠瓜、佛手瓜等。

彩色观叶蔬菜　主要有红梗叶甜菜、金叶甜菜、紫叶生菜、紫背天葵、紫苏、羽衣甘蓝、紫甘蓝等。

绿叶保健蔬菜　主要有苦苣、芥蓝、大速生菜、罗马直立生菜、金丝芥菜、香芹、藤三七、京水菜、地肤、珍珠花菜、落葵、罗勒、薄荷、韭菜、乌塌菜、宝塔菜花、抱子甘蓝、冬寒菜、马齿苋、番杏、油麦菜等。

水生蔬菜　主要有水芹菜、西洋菜、莲藕、慈姑、菱角等。

根茎类蔬菜　主要有球茎茴香、芋头、牛蒡、根芹菜、樱桃萝卜、心里美萝卜、水果苤蓝、芜菁、胡萝卜、根甜菜等。

家庭阳台种菜除了要选择合适的蔬菜种类和品种外，还要检查种子的成熟度、饱满度、色泽、净度、病虫害和机械损伤程度、发芽势和发芽率等各项指标。其中前三项可以用肉眼观察。检查种子净度的方法是称取一定量的种子，除去各种杂质后，再称纯净种子重量，按下式计算：净度（%）=纯净种子重量（克）/样品重量（克）×100。检查种子发芽率的方法是，大粒种子取50粒，小粒取100粒，分别浸种4～24小时，然后放在20～25℃下催芽，每天记载发芽的种子粒数，按下述方法计算种子的发芽率：发芽率（%）=发芽种子的粒数/供试种子的粒数×100。

2. 品种组合

家庭阳台种菜除了根据阳台朝向及种植需求选择不同的蔬菜品种，还要注重不同品种之间的组合与搭配，根据种植品种的奇特外形、多彩颜色及攀爬性营造景观。在颜色选择上，可种植一些红、黄、紫、绿不同颜色的樱桃番茄或彩色甜椒等品种。在外形选择上，可种植一些不同形状的观赏南瓜，如香炉形、麦克风形、鹤首形等。在攀爬性选择上，可进行立体栽培，如在搭好的藤萝架上种植丝瓜、苦瓜、倭瓜、冬瓜、藤三七等，在藤萝架下面种植一些耐阴的绿叶速生小菜。

目前市场上还出售很多不同形状的栽培装置，种植者可根据自己的喜好自由组合搭配。不管选择何种组合和搭配，都应注意以下几点。

①吊盆要悬挂在阳台内侧。因为吊盆有一定的掉落风险，所以悬挂时要留出足够的空间，还要注意在行走或工作时不要碰到头。

②将有底托的花盆直接放在地上，以防止土壤从底部的小孔漏出堵塞排水口。

③要避开空调的室外机。如果将花盆摆在空调室外机旁边，空调的排风口会使植物过于干燥，同时植物的残枝枯叶也易堵塞空调出风口。

④夏季要将花盆摆放在扶栏附近以保证充足的光照。因为夏季采光虽然强，但太阳位置很高，阳台内侧往往无法得到充足的阳光。

⑤高层公寓的阳台风很大，为了防止大风吹倒植物，需要使用防护网。

⑥不能在屋顶种植过高的蔬菜。因为屋顶上的风很大，如果种植黄瓜等高度超过2米的蔬菜，不但茎叶容易被风吹坏，而且有整棵植物被风吹倒砸到人的危险。

⑦要严格遵守承重量。预算时要将植物、工具及工作人员的总重量全部计算进去，如果超过最大承重量，会很危险。在楼顶或屋顶种植蔬菜，最好请专业部门进行承重评估和检测，确保在安全的情况下进行。

三、栽培技术

五彩番茄

番茄为茄科番茄属植物，以成熟浆果供食用，原产于南美洲西部沿岸的高地。番茄集景观、美味、营养、高产于一身，是阳台菜园首选的蔬菜品种。它的营养非常丰富，其中最著名的是番茄红素，具有抗氧化的作用，可以清除人体内自由基，降低胆固醇，保护血管和心脏，延缓衰老。大番茄是家庭烹饪的主要食材。樱桃番茄绿色的植株结出串串晶莹剔透、似葡萄般的美果，果实小巧玲珑，有红、粉、金黄、橘黄、紫红、绿、白等多种颜色：口感甜酸适中，而且结果期比其他蔬菜更长，家庭盆栽种植可以陶冶情操，增加生活乐趣（图4-3）。

（1）种植品种和季节　番茄具有喜温暖、喜光、耐肥及半耐旱的特点。庭院最适宜在春季种植，在楼房朝南、朝东、朝西的阳台可以周年种植。盆栽应选择植株偏矮、结果性好、果形漂亮、颜色艳丽、口感好的番茄品种。常用品种分为两类：第一类为植株矮生自封顶类型，株高20 ～ 30厘米，每株能结2穗果实，具体品种有矮生红铃、红色情人果、盆栽红、盆栽黄等；第二类为植株无限生长类型，株高可达2米以上，单株可坐果4 ～ 6穗，生长期5 ～ 8个月，适宜的品种有维纳斯、红太阳、黑珍珠、绿宝石等。另外，特别介绍一个老北京传统品种——苹果青番茄，成熟时高圆的果实从顶部开始变粉红色，近果蒂部似苹果一样呈绿色，掰开看果肉是沙沙的，吃到嘴里有浓浓的番茄味儿，酸甜适中。番茄一般每克种子350 ～ 400粒。

（2）容器和基质　一般家庭可选用塑料花盆，或泥瓦花盆外套塑料花盆。更注重品味的家庭可选择紫砂盆，或泥瓦盆外套彩釉盆、紫砂盆。还可以选用木桶、泡沫箱、瓦罐等其他容器。但不管什么容器，必须能透气，底下要有透水孔。矮生品种宜选择直径22 ～ 28厘米的花盆，无限生长类型品种宜选择直径35 ～ 45厘米的花盆或木桶。种植基质以2 ：1的草炭营养土和蛭石，再加入5%～ 10%腐熟有机肥最好；也可用50%草炭营养土加25%园田土加20%沙土加5%腐熟细碎有机肥。

（3）育苗方法和技术　种植番茄最好采用育苗移栽的方式。为了保证种子有较高的发芽率，家庭可采用穴盘、塑料营养钵、花盆或育苗营养块进行育苗，也可以用使用过的纸杯育苗，既节约又环保。

育苗前一般采用浸种催芽方法。即将种子放入50 ～ 55℃温水中，不断搅动，使种子受热均匀，维持20 ～ 30 分钟后捞出，再放入30℃水中浸泡3 ～ 5小时，待种子吸足水分后捞出，用纱布包好放在托盘等容器里，容器底部和表面用毛巾覆盖，然后在25 ～ 28℃环境中催芽30小时左右，即可出芽。出芽后在营养钵或穴盘里播种。

播种前准备好混合均匀的营养土，浇透水后再播种。如用40克的育苗营养块育苗，使用前一天要给育苗块浇透水，将催好芽的种子在营养钵、穴盘或育苗块中播1 ～ 2粒，然后上覆一层0.5 ～ 0.8厘米厚的过筛细潮沙土。

花盆育苗在番茄2～3片真叶时分苗或间苗。当苗龄40～50天、苗高15～20厘米、具有4～6片真叶时，即可定植。每盆定植1株，栽后及时浇足水。

(4) 栽后管理

调节温度和光照　这是促进番茄生长发育的关键环节。定植后5～7天，尽量提高室内温度，白天26～31℃，夜间18～20℃为宜，气温超过30℃时才可开窗放风。当看到幼苗生长点附近叶色变浅，表明已经缓苗，开始生长，要调低室温3～5℃，以白天23～28℃、夜间15℃左右为宜。冬季要注意保温，温度过低的居室要将番茄放到温度偏高、光照强的位置。朝南和朝西的阳台在夏季6～8月则要安装遮阳帘来遮阴降温。

浇水　定植成活后，浇水不宜过多，以保持盆土湿润稍干为宜。在果实膨大期要保证水分供应。原则是根据不同季节、天气和植株长势情况来确定浇水次数。当新生叶尖清晨有水珠时，表明水分充足，心叶颜色浓绿可考虑浇水。一般夏秋季节3～5天浇水一次，冬春季节8～10天浇水一次。浇水应在晴天的上午进行，阴雨天和15：00以后不适宜浇水。

追肥　在第一穗果开始膨大时追施第一次肥料，以后追肥本着“少吃多餐”的原则，间隔7～10天追肥一次，在拉秧前30天左右停止追肥。肥料品种以有机颗粒肥和有机液肥为主，也可以用充分腐熟的麻渣、豆饼和无臭味的液体冲施肥，不应使用有臭味和未腐熟的有机肥，尽量少用化肥。每次30厘米直径的花盆随水追施有机液肥5～6毫升。

搭架整枝　无限生长类型品种生长过程中使用专业绑支架或用4根竹竿插成方形架，高度1～1.8米，使植株攀缘在架上，用软绑丝和线绳将植株与绑支架绑定，来延长植株生长的时间和植株高度，达到立体种植的效果，增加植株产量。生长过程中及时绑蔓、打杈和去除下部老叶和黄叶。无限生长类型品种当植株结4～6穗果时，及时打顶扪尖，最上部果穗留2～3片叶。有限生长类型品种在植株长至20厘米高时，插1根竹竿或用铁丝制成支撑架来固定植株。

辅助授粉　当每穗花朵数量开放达2/3时，在晴天上午8：00～11：00用竹竿或木棍轻轻敲打花柄来辅助授粉促进坐果。一般矮生品种每株坐果2穗，每穗坐果8～10个；无限生长品种樱桃番茄每穗坐果10～15个，每株可坐果4～6穗，每株结果数可达40～60个。

(5) 病虫害防治　番茄家庭室内盆栽容易发生的主要虫害是蚜虫、白粉虱等。在虫量少时可采用悬挂黄板和人工捕捉等无害化的物理方法防治，还可以利用芳香类植物对害虫的驱避作用，在盆栽番茄旁边放置芳香类植物，可有效减少虫害。如在盆栽番茄边上放置盆栽芹菜，由于白粉虱对芹菜味道敏感，这样可减少白粉虱的基数，有效减轻危害。当发现虫量较多时采用喷洒生物肥皂100倍液或5%天然除虫菊素1 000倍液等生物农药来防治。以上两种生物农药毒性极低，喷药后3天果实可以食用。

番茄病害主要有脐腐病、病毒病和早疫病。脐腐病属于一种生理病害，是由缺钙引起的。防治方法是定植时浇足定植水，保证花期及结果初期有足够的水分供应，以免影响植株根系对钙的吸收。另外，育苗或定植时要将长势相同的放在一起，以防个别植株过大而缺水引起脐腐病。番茄苗期喷施钙肥可有效预防腐病，喷施氨基寡糖素

可有效预防病毒病。番茄苗期喷施钙肥可有效预防脐腐病，喷施氨基寡糖素可有效预防病毒病。其他病害也主要是通过规范的栽植方法培育壮株来预防。

（6）番茄光开花不结果怎么办　番茄不坐果主要原因有两个。一是授粉不良。在室内种植时应采取人工振动辅助授粉的方法来促进坐果。二是由于种植环境条件不适宜，如温度不适、光照不足或太强、水分过大或水分严重不足等。查找形成的原因，首先看室内温度是否过高或过低，超过35℃和低于15℃都不能结果，要采取有效措施来调节室内的温度。如光照过弱，要移到光照较强的地方，夏季光照太强要采用遮光等方法来遮阴降温。

（7）采收　番茄要等完全转色时才能采收食用。由于番茄属于边开花、边坐果、边成熟的作物，在适宜温度、光照充足的条件下定植后50天左右就可以采收转色果实。而在温度较低的冬春季节在定植后70～75天可以采收。一般矮生类型品种采收期在30天左右，无限生长类型品种采收期可达3～4个月。

图4-3　五彩番茄

五 色 彩 椒

辣椒为茄科辣椒属植物，以辣味浆果供食用。我们现在普遍栽培的辣椒和甜椒的祖先是产在中南美洲热带雨林地区的一种“野生辣椒”。彩色甜椒是从荷兰等国引进的既可食用又可观赏的甜椒家族中的新品种。具有果型大、果皮光滑、果肉厚、口感甜脆、果实颜色艳丽多彩的特点。有鲜红、深红、橙黄、金黄、紫、浅紫、奶白、翠绿等多种颜色，并且其采摘时间长，一般结果采摘期可达8个月左右，有很高的观赏价值，所以非常适合作为盆栽蔬菜在家庭阳台或室内种植（图4-4）。彩色甜椒维生素A和维生素C含量较高，还含有丰富的胡萝卜素、B族维生素和磷、钙、铁、硒等矿质元素。经常食用能增强人体免疫力，促进新陈代谢，使皮肤光滑柔嫩，同时也是糖尿病患者较宜食用的食物。

（1）种植品种　彩色甜椒具有喜温、喜光又耐弱光、喜湿润的特点，适宜在家庭居室中朝东、朝西以及朝南的阳台种植。家庭盆栽种植宜选择株型偏小、结果性强、果实周正、颜色漂亮、口感甜脆的品种，目前比较适合家庭阳台种植的品种有红水晶、黄玛瑙、橙水晶、紫晶、白玉、紫珍珠等。这些品种都适宜蘸酱生食或做沙拉。此外，小株型的观赏性朝天椒、风铃椒等品种也非常适合阳台种植。

（2）种植季节　五色彩椒在室内和阳台周年可以种植，但春季的4～6月和秋季的9～11月结果多、口感最佳；庭院最适宜在春季种植，下霜前拉秧。华北地区室内花盆栽培，春茬在12月育苗，第二年2月上中旬栽入花盆中，6～7月采收；秋茬7月育苗，9月上旬栽入花盆中，12月至第二年2月采收。华北地区庭院露地种植2月中下旬在室内育苗，4月下旬定植，7月上旬开始采收，夏季遮阳降温，10月中旬拉秧。

（3）容器和基质　一般家庭可选用塑料花盆，或泥瓦花盆外套塑料花盆。追求品味的家庭可以选择紫砂盆直接种植，也可先在泥瓦盆中种植，待果实转色后再在外面套一个彩釉盆或紫砂盆。如果配上造型精巧的景观架，每个架子摆放3～7盆不同颜色的品种，更别有情趣。还可以选用木桶、泡沫箱、瓦罐等其他容器种植。容器必须能透气，底下要有透水孔。宜选择直径40～45厘米、深35厘米左右的容器，矮生小株型品种宜选择直径22～30厘米、深20～25厘米的花盆。种植基质以2∶1的草炭营养土和蛭石，再加入5%～10%腐熟有机肥最好；也可用50%草炭营养土加25%园田土加20%沙土加5%腐熟细碎有机肥，也可使用充分腐熟的麻酱渣、花生饼、豆饼等作基肥。由于甜椒对土壤传播病害的抵抗能力较弱，一定要做好盆土的消毒工作。

（4）育苗方法和技术　采用育苗移栽的方式，用50孔的育苗盘或6厘米×6厘米的营养钵育苗。采用浸种催芽方法，即将种子放入55～56℃温水中，不断用木棍顺时针方向搅动，使种子受热均匀，维持20～30分钟后停止搅动，再浸泡8～12小时，待种子吸足水分捞出，用软棉布或纱布将种子包好后，再用湿毛巾包好，然后放至25～30℃环境下催芽5～7天，每天用温水投洗1～2次，待种子露白后播种。

播种前准备好混合均匀的营养土，浇透水后再播种；或者用草炭营养块育苗，使用前一天要给育苗块浇透水，将催芽的种子在营养钵、穴盘或育苗块中播1粒，然后上面覆一层0.5～0.8厘米厚的沙土。真叶完全展开后幼苗生长加快，注意浇水、通气、增强光照，浇水原则是见干见湿。2片真叶后可随水施肥。除炎热夏季外，要光照充足，调节适宜的温度。

（5）栽植　幼苗长至9～10片真叶时可移栽定植，春季选晴天的上午，秋季选晴天的下午。提前将基质与肥料掺匀，将盆底部透水孔用瓦片盖住一半，以防浇水

图4-4　五色彩椒

后渗水过快。先将基质装至容器内适当高度，再将小苗栽植于栽培容器中，适当深栽，覆土至苗坨上2厘米左右，栽后及时浇足定植水。

（6）栽后管理

调节温度和光照　在定植后5～7天，尽量提高室内温度，白天25～30℃，夜间18～20℃为宜，气温超过30℃时才可开窗放风。当看到幼苗生长点附近叶色变浅，表明已经缓苗，开始生长，要调低室温3～5℃，以白天23～28℃，夜间15℃左右为宜。在彩色甜椒的整个生长过程中，温度变化范围是15～30℃。低于15℃就要采取各种措施进行增温、保温，高于30℃也要采取遮阳或开窗通风等措施降温。冬季要注意保温，温度过低的居室要将彩椒放到温度偏高、光照强的位置，有利于生长发育。朝南的阳台在夏季6～8月晴天的11：00～15：00，朝西的阳台在晴天的13：00～16：00，要安装遮阳帘来遮阳降温。

浇水　定植2天后浇1次水促进缓苗，盆内基质稍干后用小工具中耕松土，然后控制浇水"蹲苗"10～15天，以促进根系生长，控制茎叶不要生长。蹲苗以后以小水勤浇为宜，常保持盆内基质湿润，具体浇水间隔天数根据天气、盆内水分和植株长势来定。夏季温度高时要勤浇，一般1～2天浇1次水；冬天温度低，叶片水分蒸发量小，间隔天数要长些，一般6～9天浇1次水。植株幼小时浇水量要少，植株结果盛期浇水量要大。浇水宜在上午或下午进行，日落以后禁止浇水。彩色甜椒对空气湿度要求高，需要湿润的环境，在夏季中午要在地面洒水来增加空气湿度。

施肥　在生长期一般10天施肥1次，开花结果期应适当增加磷、钾肥的成分，以促进花繁果硕，并且摘1次成熟椒施1次肥，可以穴施用腐熟细碎的麻渣或其他饼肥，每盆15～20克；也可随水施用有机液肥，选择晴天施肥效果好。

搭架　整枝生长过程中要用铁丝制作圆形架或用4根竹竿插成方形架，高度1.2～1.5米，采用细绳将植株固定在架子上，并及时整枝、吊株。彩色甜椒采收期长，植株生长健壮，每株选留加3条主枝，门椒和2～3节的基部花蕾应及早除去，从4～5节开始留椒，以主枝结椒为主，及早剪除其他分枝和侧枝，每株始终保持有2～3个主枝向上生长。

疏花疏果　第一次坐果每株不要超过4个，同时要摘除畸形果。植株长大后每株控制同时结果数在6个以内，以确保养分集中供应，促使果大、肉厚、品质好。

（7）病虫害防治　彩色甜椒的主要病虫害有病毒病和蚜虫。病毒病可在育苗时对种子进行浸种消毒来预防，夏季温度较高时，注意遮阳降温。蚜虫可用红辣椒熬水喷洒的方法防治，也可喷洒生物农药除虫菊素防治。

（8）采收　彩色甜椒结果数少而单果重高，品质好，一般每株结果6～20个，单果重150～200克。采摘不能过早，也不能过晚。红色、黄色、橙色品种采摘最佳时间是在果皮完全转色时，一般在定植后120天左右。紫色、白色等品种需在定植后90天左右，果实停止膨大，果肉充分变厚时采摘，采摘时间以清晨为宜。

水 果 黄 瓜

黄瓜为葫芦科黄瓜属的一个栽培种，起源于东南亚。其中果实为短棒形，无瘤无刺，瓜长13 ~ 18厘米，口感甜脆清香，最适宜鲜食的品种，称为水果黄瓜。水果黄瓜的丙醇二酸含量居瓜菜类的首位，能抑制糖类转变为脂肪，具有减肥的作用。另外水果黄瓜中葡萄糖苷、果糖、甘露醇等不参与糖的代谢，所以很适合糖尿病人食用。

水果黄瓜为爬蔓性植物，攀缘生长。植株生长繁茂，可设计成一定的造型。每节坐瓜1个以上，每株能同时结瓜5 ~ 6条，每株能结30 ~ 50条瓜，瓜色或浅绿或乳白，能营造“枝繁叶茂，硕果累累”的效果，既可食用，又具有很好的观赏价值。适合种在室内阳台以及客厅作为绿植景观。

图4-5　水果黄瓜

(1) 种植品种　根据水果黄瓜喜光、喜温暖的特性，适宜在居室的朝南阳台以及光照好的朝东和朝西的阳台种植，不适宜在光照弱的北向阳台种植。

盆栽应选择植株偏矮、连续结果性好、瓜型漂亮、口感好的品种。目前适合家庭种植的黄瓜品种分为两类：第一类为水果型黄瓜，瓜型短小，无刺、无瘤，节间短，瓜码密，每节至少结1条瓜，口感松脆，适宜鲜食；第二类为华南型黄瓜，又称为秋黄瓜、旱黄瓜，瓜型较短，瓜皮下部淡绿色，瓜把绿色，有较细的刺溜，肉质脆硬，适宜鲜食和做菜，耐热性好，耐寒性较差。也可种植普通黄瓜品种，特点是：瓜条长，节间长，瓜码稀，每2～3片叶结1条瓜，适宜做菜。适合阳台种植的水果黄瓜品种推荐金童、玉女、白贵妃、京研秋瓜、京研迷你二号等（图4-5）。

(2) 种植季节　在室内和阳台周年可以种植，但春季的4～6月和秋季的9～11月结瓜效果最好。家庭庭院最适宜在春季和秋季种植，植株长势健壮，结果数量多，口感好。华北地区室内花盆春季种植12月至第二年1月育苗，2月初至3月初栽入花盆中，4～7月采收；秋季8月育苗，9月至10月上旬栽入花盆中，10月至第二年1月采收。华北地区庭院露地种植春季3月中下旬育苗，4月下旬定植，5月下旬至7月上旬采收；秋季7月下旬直接播种或7月中旬育苗，8月上旬定植，9月初至10月底采收。

(3) 容器和基质　宜选择直径35～45厘米、高30～35厘米的花盆或其他容器种植。种植基质以2：1的草炭营养土和蛭石，再加入5%～10%腐熟有机肥最好；也可用50%草炭营养土加25%园田土加20%沙土加5%腐熟细碎有机肥或加入5%充分腐熟细碎的麻渣、豆饼等有机肥，还可加入3%～5%生物有机肥。以上基质均以体积计算，充分掺匀后装入容器中。

(4) 育苗方法和技术　水果型黄瓜种植多采用育苗移栽的方式，家庭最好使用塑料穴盘或塑料营养钵育苗。穴盘育苗自配基质一般以草炭与蛭石按2：1比例混合，加入5%腐熟、细碎、无味的有机肥即可；营养钵育苗可用草炭营养土和洁净沙壤土按7：3比例，掺入5%腐熟有机肥装钵待用。浇透底水过6小时后播种，把催芽后的种子或干种子放于孔（或钵）内，每孔放1～2粒，然后再覆盖1～1.5厘米厚细沙土或蛭石。在1片真叶时间苗，每钵留苗1株。育苗期间多见阳光，在2片叶时浇水、追肥。调节适宜的温度，白天23～28℃，夜间15～20℃。苗龄35～40天，有3～4片真叶时即可定植。

(5) 栽植　栽培基质提前混合均匀装入容器中，春秋季节在晴天的上午定植，夏季在晴天的下午栽植有利于缓苗和发根，每盆定植1株。栽时尽量不伤根，先挖坑再栽入幼苗，不要过深，以苗坨与盆土相平为宜。栽植后及时浇足水。

(6) 栽后管理

浇水　定植时要浇足水，心叶见长时浇1次缓苗水，然后轻轻松土1次，之后植株稍显旱就应及时浇小水，以盆土见干见湿为宜。

温度调节　定植后种植环境白天保持25～30℃，夜间18～20℃，过1周缓苗后降温，白天保持23～28℃，夜间15～18℃。

追肥　应结合浇水进行施肥，植株结瓜盛期采取每浇2～3次水施1次肥，追肥本着“少量多次”原则进行，结瓜中后期在根部吸肥力弱时，需结合叶面喷施有机

液肥进行根外施肥，防止植株早衰。室内栽培要注意经常通风换气，冬季防寒保温，夏季降温。

搭架　无论室内或阳台种植，都应搭支架，采取4根竹竿搭成方形架，也可用铅丝搭成圆形架，高度1.2 ～ 1.6米。在植株5 ～ 6片叶时及时绑蔓，用尼龙绳将植株环形绑在架上，5片叶以下的幼瓜及早去掉，从第6片叶开始留瓜，以利植株生长，因为秧长得越壮，瓜的生长速度越快。下部老叶、黄叶要及时摘除，一般情况下叶片有光合作用功能的时间是40天左右，叶片深绿色就可以摘除了。

（7）病虫害防治　水果黄瓜害虫一般有蚜虫、斑潜蝇和白粉虱。虫害发生量少时采取人工捕捉的方法，虫量发生大时可使用无毒无味的生物农药“生物肥皂”稀释50 ～ 100倍液喷雾防治。

（8）采收　水果黄瓜生长迅速，从播种到摘瓜约60天。可以采摘3 ～ 4个月，水果黄瓜结瓜性强，每节坐瓜1个以上，注意及时采摘，以防坠秧。

（9）水果黄瓜顶部一堆花和小瓜长在一起，下边瓜不爱长，怎么回事　这是“瓜打顶”现象，也叫“花打顶”，主要原因是种植过程中由于水分、温度、光照、营养等其中一个或几个生长条件满足不了植株生长所致。应查明形成的原因，及早改善生长条件，并及早将顶部的幼瓜和花掰除，就能改变花打顶的现象。

西　葫　芦

西葫芦为南瓜的一种，原产印度，中国南方、北方均有种植。一般西葫芦果色为白色或绿白色，还有彩色西葫芦，皮色为金黄色、浓绿色或有花纹，光泽鲜艳，既可观赏又可食用。西葫芦含钙量极高，还含有较多的维生素、葡萄糖等，有清热利尿、除烦止渴、润肺止咳、消肿散结等功效。

（1）种植品种　西葫芦性喜温暖，是瓜类中较耐寒、适应性强的蔬菜，生育期对温度要求比黄瓜、南瓜低，适宜在居室朝南的阳台以及光照好的朝东或朝西的阳台种植，不适宜在光照弱的北向阳台种植。盆栽应选择植株偏矮、连续结果性好、瓜型漂亮、口感好的品种。目前适合家庭种植的品种有香蕉西葫芦。香蕉西葫芦是一种外形似香蕉、果皮黄色的西葫芦，是美洲南瓜中的一个黄色果皮新品种，以食用嫩果为主。其嫩果肉质细嫩，味微甜清香，适于生食，也可炒食或作馅，嫩茎梢也可作菜食用（图4-6）。

（2）种植季节　西葫芦在室内和阳台周年可以种植，但春季的4 ～ 6月结瓜效果最好；家庭庭院最适宜在春季种植，植株长势健壮，结果数量多，口感好。华北地区室内花盆春季种植12月至第二年1月育苗，2月初至3月初栽入花盆中，4 ～ 7月采收。庭院露地种植春季3月中下旬育苗，4月下旬定植，5月下旬至7月上旬采收。

（3）育苗方法和技术　采用10厘米×10厘米营养钵或50穴的穴盘育苗，营养钵以50%草炭营养土加40%洁净园田土再加10%腐熟有机肥为基质，穴盘采用2：1的草炭和蛭石做基质，也可采用50克草炭营养块育苗。播前晒种1天，用55℃热水烫种，并不断搅拌，待水温降到30℃以下，浸种6 ～ 8小时，用清水洗去种皮上的黏液，在25℃条件下催芽2～4天，芽长0.5厘米时及时播种。苗期充分见光，但每天光照不超过11小时。温度管理采取高地温（22℃左右）、低气温（白天20～25℃、夜间10～13℃）的方法，培育出茎节短而粗壮、子叶肥大、叶片厚而绿、根系发达的壮苗，3叶1心即可定植。

（4）栽植　盆栽选用较大较深的花盆，一般用直径30厘米以上的圆盆，盆土用园田土7份加粪肥3份配制而成，每盆加饼肥20～30克、钾肥10～20克。每盆栽1株，栽后浇透水。注意不要栽植过深，苗坨与土面平为宜。

（5）栽后管理

追肥浇水　幼瓜坐住后开始追肥。植株结瓜盛期每浇2～3次水施1次肥，追肥本着“少量多次”原则进行。以后7～10天浇水1次，一定在晴天上午进行，浇后加强通风排湿，降低室内空气湿度。

植株调整　盆栽时，每盆插一根1米长的竹竿或立一个三角架，将瓜蔓绑在竹竿或绳子上，并及时整枝，摘除老叶、卷须和侧芽。操作宜在晴天上午进行，以利伤口愈合，防止病害传染。根瓜采收后用绳将植株吊直，使其向上生长。

人工授粉　在晴天上午7：00～10：00进行人工授粉，采集雄花的花粉授到雌花的柱头上。

（6）病虫害防治　西葫芦常见的病害有病毒病、白粉病和灰霉病，虫害主要是瓜蚜。在防治方面，一是选择抗病良种，可选用矮生早熟品种、花叶型品种；二是种子消毒；三是施足底肥，适时追肥，前期少浇水、多中耕，促进根系生长发育；四是及时防治蚜虫，早期病苗尽早拔除，中后期注意适时浇水、施肥，加强田间管理，风口和门口安装防虫网，室内悬挂黄板，用银灰色吊绳固定植株。

（7）采收　西葫芦一般定植后40～45天开始采收。开花后7天左右，当瓜长约20厘米、直径3～4厘米时，就要及时采收嫩瓜，方法是用刀将瓜柄切断。若采收过晚，不仅食用商品性差，而且影响上面植株坐瓜与生长。

图4-6　盆栽香蕉西葫芦

冬　瓜

冬瓜是葫芦科冬瓜属一年生攀缘性草本植物，起源于中国和东印度，是我国的特产蔬菜之一。冬瓜瓤有利水、消炎、消热、解毒功效，还有祛痰镇咳的作用；冬瓜皮性甘寒，有祛风利水功效，可消水肿。一般食用方法为炒食或煮汤。

现如今，日本小冬瓜声名海外，在西方被专门称为“Japanese Winter Melon”。日本冬瓜的果实为瓠果形，外观可爱，表皮呈现出很青翠的绿色，瓜肉较一般冬瓜要厚，颜色也极其洁白，且疏松多汁、入口即化，维生素C含量丰富，有利尿止渴的明显功能，是日本料理汤食中的常见蔬菜，近年来也多被出口世界各地。

冬瓜形态白胖，寓意富态、富贵，又引申为幸福、丰盛、富贵满堂。

(1) 种植品种　冬瓜是喜温耐热的蔬菜。生长适温为20 ～ 30℃，抽蔓期和开花结果期生长适温均为25℃。冬瓜需水多，不耐旱，生育期要求有充足的水分供应。冬瓜全生育期需氮最多，钾次之，磷最少。根据冬瓜的生物学特性应选择朝南向阳台种植或者光照好的朝东、朝西向阳台。

按冬瓜果实大小可分为小型冬瓜和大型冬瓜两类，在家庭种植中，不管是在阳台盆栽还是在院子里种植一般都选择小型品种，因为大型品种的冬瓜能长到5千克以上，不适合现代人口比较少的家庭食用。小型品种常见的有一串铃和水果冬瓜。

一串铃四号冬瓜是中国农业科学院蔬菜花卉研究所选育的小型早熟冬瓜新品种。瓜型高桩，成熟时瓜面被有白粉，单瓜重1.5 ～ 2.5千克，适宜于3 ～ 4口家庭食用。该品种第1雌花一般出现在6 ～ 9节，每隔2 ～ 4片叶出现一朵雌花，有连续出现雌花的现象。进行早熟栽培时，亦可采收250克左右的嫩瓜上市。该品种生长期90 ～ 120天，适于各类保护地及露地早熟栽培。

水果冬瓜为小型冬瓜的一个新品种，单果重约为1.5千克，果实整齐度好，呈圆柱形，果皮深绿色，外有白色蜡粉。果肉白色，肉质柔软。坐果后25天可以开始收获。45天时单果可以达到最大。坐果率特别高，适合现代家庭对小型化、高品质的消费需求(图4-7、图4-8)。

(2) 种植季节　冬瓜家庭栽培一般春季种植，华北地区一般3月上中旬在室内播种育苗，4月下旬至5月上旬露地定植或栽于花盆内，6月下旬至7月下旬采收。

(3) 育苗方法和技术　冬瓜种植一般采用育苗移栽方式。将冬瓜种子浸在55℃温水中，维持稳定的温度15分钟，然后自然冷却至30℃继续浸种10 ～ 12分钟。将浸种后的种子搓洗干净，再将种子混合湿润细沙后在30℃温度下催芽。待种子露白，芽长至0.3 ～ 0.8厘米即可播种。催芽过程中要经常翻动种子，并保持湿润，以利于出芽整齐。

采用10厘米 × 10厘米营养钵或50穴的穴盘育苗，营养钵以草炭营养土50%加洁净园田土40%再加腐熟有机肥10%为基质，穴盘采用草炭和蛭石作基质，其比例为2 ：1，也可采用50克草炭营养块育苗。

(4) 栽植　盆栽选用较大较深的花盆，一般用直径30厘米以上的圆盆，盆高不得少于25厘米，盆土用园田土7份，粪肥3份配制而成，每盆加饼肥20 ～ 30克，钾肥10 ～ 20克，每盆栽1株，栽后浇透水。注意不要栽植过深，以苗坨与土面平为宜。

（5）栽后管理

整蔓引蔓　无论室内或阳台种植冬瓜，都应搭支架，采取4根竹竿搭成方形架，也可用铅丝搭成圆形架，高度1.2 ～ 1.6米。冬瓜靠主蔓结果，但冬瓜分枝力强，应进行整蔓，在坐果前后摘除全部侧蔓，15 ～ 18片叶摘心，小型冬瓜每株结瓜2 ～ 4个。冬瓜引蔓主要采取环形引蔓。冬瓜上架后，要勤引蔓，以免断蔓。

合理追肥　冬瓜植株生长旺盛可少追或不追肥。如果叶色淡或发黄，应及时追肥。冬瓜生长前期应少追肥，植株雌花开放前后应控制水肥，1 ～ 2个瓜坐果后应重施肥。以后至采收前约10天追肥数量可适当减少。

图4-7　廊架冬瓜

图4-8　水果冬瓜

水分管理　冬瓜进入抽蔓期后需水量较大，应灌1次透水，开花期一般不浇水或少浇水，果实膨大期需水量最大。应保持土壤湿润，以保证产量。

授粉　冬瓜为异花授粉作物，在第一雌花开放期间，因阳台空气流动量小、昆虫少，容易授粉不良，导致化瓜，应适时人工授粉，以提高早期坐果率，花期遇雨时也可进行人工授粉。入伏以后光照增强，须用瓜叶遮瓜防晒，以免灼伤瓜皮而引起烂瓜。

（6）病虫害防治　危害冬瓜的病害主要有疫病、炭疽病、日灼病。在防治策略上，主要采取温汤浸种消毒、合理施肥浇水（不偏施速效氮肥、不大水漫灌）、适时用瓜叶盖瓜（防止强光直射诱发日灼病）等农业防治措施。如有必要还应及时喷施生物农药，控制病害蔓延。

（7）采收　冬瓜在坐果后45天左右，瓜皮发亮墨绿色，而植株大部分叶片保持青绿而未枯黄，选择晴天的上午采收。早熟种小冬瓜以嫩果达食用成熟期采收，定植后40 ～ 50天结瓜。6月初，瓜有0.5 ～ 1千克时采收。这样早采初瓜，可促使瓜蔓继续迅速生长结瓜，一株可收2 ～ 4个瓜，至8月上旬即可收获完毕。带果柄剪下，以利储藏。

丝　瓜

丝瓜是原产于印度的一种葫芦科攀缘草本植物。丝瓜根系强大，茎蔓性，五棱、绿色，主蔓和侧蔓生长都繁茂，茎节具分枝卷须，易生不定根。果实为夏季蔬菜，所含各类营养在瓜类食物中较高，如皂苷类、苦味质、黏液质、瓜氨酸、木聚糖和干扰素等。成熟时里面的网状纤维称丝瓜络，可代替海绵用来洗刷灶具及家具。丝瓜还可供药用，有清凉、利尿、活血、通经、解毒、抗过敏、美容之效。

丝瓜是蔓生农作物，适应性广，抗逆性强，可以不施化肥、不喷农药，非常适合庭院种植，既美化居家环境，又拓宽种植领域。齐白石最爱丝瓜。他爱种丝瓜，也爱画丝瓜。白石老人曾说："小鱼煮丝瓜，只有农家能谙此风味。"

（1）种植品种　丝瓜喜温暖潮湿的气候，不耐霜冻，比较耐阴，耐涝，适应性极强，种植起来很容易，只需要架设好攀爬用网，就可以长成一张天然的遮阳布。因此，家庭种植可以选择朝南、朝东、朝西的阳台都可以，还可以直接在院子里、房顶上种植。

丝瓜分为有棱的和无棱的两类。有棱的称为棱丝瓜，瓜长棒形，前端较粗，绿色，表皮硬，无茸毛，有8 ～ 10条棱，肉白色，质较脆嫩。无棱的称为普通丝瓜。常见品种有蛇形丝瓜和棒丝瓜。蛇形丝瓜又称线丝瓜，瓜条细长，有的可达1米多，中下部略粗，绿色，瓜皮稍粗糙，常有细密的皱褶，品质中等。棒丝瓜又称肉丝瓜，瓜棍从短圆筒形至长棒形，下部略粗，前端渐细，长35厘米左右，横径3 ～ 5厘米，瓜皮以绿色为主。家庭种植可以选择含丝瓜络较少的鲜食丝瓜品种，如果空间比较大也可以选择种植瓜条长一些的线丝瓜，如果空间比较小可以选择肉丝瓜（图4-9）。

（2）种植季节　华北地区家庭种植一般在春季终霜后直播，也可以育苗移栽，4月底至5月中播种，6月初移栽，7月至9月底收获。不同品种的生长月历会略有差异，但一般来说，播种后大约10天进行移栽，播种后两个半月就可以准备收获了。

（3）育苗方法和技术　采用10厘米×10厘米营养钵或50穴的穴盘育苗，营养钵以草炭营养土50%加洁净园田土40%再加腐熟有机肥10%为基质，穴盘采用草炭和蛭石作基质，其比例为2：1，也可采用50克草炭营养块育苗。苗期病虫主要有霜霉病、蚜虫等，可人工摘除病虫发生的植株，一般不需喷药防治。当长出3 ～ 4片真叶后，在育苗格底部可以看到白根，这时就可以移栽了。

（4）栽植　盆栽选用较大较深的花盆，一般用长80厘米以上的长方形花盆，每盆栽3棵幼苗，每2棵幼苗的间距为25厘米，栽后浇透水。盆土用园田土7份、粪肥3份配制而成，每盆加饼肥20 ～ 30克、钾肥10 ～ 20克。

（5）栽后管理

挂网　由于丝瓜枝蔓不仅向上生长，而且生侧蔓，侧蔓生丛侧蔓，整个植株还会不断地向横向生长，因此最好挂上攀爬 用网来供植株攀爬。这项工作既可以在移植幼苗时进行，也可以在移植后2 ～ 3周内进行。在植株长到20厘米高之前挂上攀爬用网，挂网时要注意尽量使绳网易于枝蔓顶端触及。也可以将绳网的下沿固定在花盆中，将绳网的上沿固定在房檐下。居民可以根据自己的实际情况采用哪一种挂网的方式。

摘心　当植株长到50厘米左右时，需要将主蔓顶部剪掉进行摘心，以促进侧蔓的生长。摘心时，将植株主蔓顶端剪下2节左右的长度。

追肥　当丝瓜叶子颜色发生变化时就要追肥。如果放任不管，叶子就会从下向上一点点枯萎。基本要求是，将肥料均匀地撒在土壤表面，直到看不到原来的土壤为止。一般追肥使用发酵的油渣或者粪肥，确保棚架布满丝瓜苗。结瓜初期每隔10 ~ 15天施肥一次。晴天土壤干旱时，傍晚在根际浇透水一次。

搭棚引藤　为保证丝瓜藤蔓延均衡，充分采光，当藤蔓上每长至1.5 ~ 2米时进行整枝。在开花盛期，要及时摘除雄花、老叶、弱瓜，以改善通透性，提高鲜瓜产量。

吊瓜理瓜　当幼瓜被叶、蔓阻碍或卷须缠绕，不能自然下垂正常生长，容易变弯或畸形，要进行吊瓜和理瓜，一般吊瓜在成瓜后2 ~ 3天进行。

(6) 病虫害防治　丝瓜病虫以霜霉病、卷叶虫为主，可人工去除或喷施生物农药进行防治。也可通过培育壮苗，提高植物本身的抗逆性等方法来预防。

(7) 采收　丝瓜从开花至成熟一般10 ~ 12天，温度高时可缩短至7天，果实达到适当成熟度采摘。过期不采收容易纤维化，在温度高、水分不足时更易发生，影响其品质。采收标准为：瓜身饱满、匀称，果柄光滑，瓜身稍硬，果皮有柔软感而无光滑感，手握瓜尾部摇动有震动感，采摘时果实要保持完整。当果实完全成熟后，摸起来松软暄腾，此时就可以摘下来做刷子了。

图4-9　家庭阳台种植丝瓜

苦　瓜

苦瓜别名凉瓜，为葫芦科苦瓜属的栽培种，一年生攀缘性草本植物。原产于亚洲热带地区。苦瓜由中国传入日本后，逐渐被认为是最使人长寿的食物之一。日本人喜欢将苦瓜做成苦瓜茶或汁来长期食用，而欧洲人则因其味苦而多作观赏用。

苦瓜其独特的苦味能增进食欲，据说是应对酷夏的绝佳美食。苦瓜苷由含有17种氨基酸的碱性多肽苦瓜素组成，具有较强的降低血糖和调节血脂作用，因而被国内外医学专家誉为“植物胰岛素”。

苦瓜的种植非常容易，只需要选择光照充足的地方就可以栽培，其枝蔓可以攀爬到住宅的墙壁上或窗边，形成一道绿色幕墙，深受人们喜爱。

（1）种植品种　苦瓜喜温、较耐热、不耐寒，在15 ~ 25℃的范围内温度越高，越有利于苦瓜的生育。苦瓜属于短日性植物，喜光而不耐阴，不耐弱光。光照充足，苦瓜枝叶茂盛，颜色翠绿，果大而无畸形果的产生。光照不足情况下，苦瓜茎叶细小，叶色暗。苗期光照不足则降低对低温的抵抗能力。开花结果期需要较强光照，光照充足，有利于光合作用，提高坐果率，否则易引起落花果。根据苦瓜的生长习性，家庭阳台种植应选择朝南阳台，或光照充足的超东、朝西的阳台种植，庭院也可以栽植。

苦瓜的品种类型很丰富，一般有绿色、白色、深绿色等，苦瓜上面的花纹也有深有浅，瓜形有长条形、苹果形、菠萝形等。白色的苦瓜苦味比较淡，适合作沙拉生食。家庭盆栽苦瓜主要推荐品种为台湾白苹果苦瓜、白玉苦瓜及绿龙苦瓜等。其中白苹果苦瓜是台湾农民培育，果面密生亮白珍珠粒，糖度高，口感脆甜多汁，果形粗肥，肩形美，早生，生长强健，亮丽美观，单果重500克左右，开花至采收约18天，结果能力强，采收期长，很受欢迎（图4-10）。

（2）种植季节　一般北方地区家庭种植苦瓜，5月可以播种，6月移栽，8 ~ 9月采收。

（3）育苗方法和技术　采用10厘米 × 10厘米营养钵或50穴的穴盘育苗，营养钵以草炭营养土50%加洁净园田土40%再加腐熟有机肥10%为基质，穴盘采用2 ∶ 1的草炭和蛭石作基质，也可采用50克草炭营养块育苗。由于苦瓜的发芽率很高，所以不需要撒过多的种子。种子用温汤浸种催芽后，每个营养钵或育苗块播1粒。当幼苗长到2 ~ 3片真叶时，就可以移栽了。

（4）栽植　盆栽选用较大较深的花盆，一般用长60厘米以上的长方形花盆，每盆栽2棵幼苗，每2棵幼苗的间距20 ~ 25厘米，栽植不要过深，栽后浇透水，过4 ~ 5天再浇缓苗水。盆土用园田土7份、粪肥3份配制而成，每盆加饼肥20 ~ 30克、钾肥10 ~ 20克。

（5）栽后管理

中耕保温　浇过缓苗水后，待土表稍干不黏时，进行多次中耕，瓜苗附近浅锄，其他部位可以深锄7 ~ 10厘米，提高地温和增强土壤透气性，促进根系发育和茎叶生长，苦瓜抽蔓后不再中耕。

插立屏障式支架　苦瓜抽蔓后应及时引蔓上架，由于枝蔓不仅向上生长，而且主蔓生侧蔓，侧蔓生从侧蔓，整个植株还会不断地向横向生长，因此，最好挂上爬蔓用网来供植株攀爬。蔓长30厘米时开始绑蔓，以后每隔4 ~ 5节绑蔓一次，或采用尼龙绳吊蔓。为提高前期产量，每株留2 ~ 3个侧蔓，其余摘除，植株生长到中后期不再进行整枝，但须摘除植株下部衰老黄叶和病叶，以利通风透光，提高光能利用率，增加产量和提高质量。

水肥管理　结瓜前期，对水肥需求量较少，一般保持土壤不干为原则。缺水时则小水浇灌，以后结合追肥进行浇水。苦瓜进入结果期后，茎蔓生长与开花结果均处旺盛时期，是需要水肥最多的时期，一般每隔10 ~ 15天追施蔬菜专用复合肥。

(6) 病虫害防治　苦瓜病虫害主要有白粉病、霜霉病、枯萎病和瓜实蝇等，应以农业防治、物理防治、生态防治为主，科学使用化学药剂综合防治。

(7) 采收　苦瓜谢花后12 ~ 15天，瘤状突起饱满，果皮光滑，顶端发亮时为商品果采收适期，应及时采收。过早和过晚采收都会降低苦瓜的品质和产量。用剪刀将果实的根蒂处剪断，进行收获。

(8) 苦瓜不开雌花怎么办　苦瓜是雌花与雄花分别开放的雌雄异花植物。先开的基本都是不能坐果的雄花。雌花开放的时间华北地区一般是7月下旬以后，8月下旬以后是雌花开放最盛的时期。因此，不要因为不开雌花而担心植株是否发育不良，只要耐心等待即可。

图4-10　苦　瓜

甜　瓜

甜瓜因味甜而得名，是夏令消暑瓜果，其营养价值与普及度可与西瓜媲美。据测定，甜瓜除了水分和蛋白质的含量低于西瓜外，其他营养成分均不少于西瓜，而芳香物质、矿物质、糖分和维生素C的含量则明显高于西瓜。多食甜瓜，有利于人体肝脏及肠道系统的活动，促进内分泌和造血机能。中国传统中医确认甜瓜具有"消暑热、解烦渴"的显著功效。

甜瓜分厚皮甜瓜和薄皮甜瓜两类。厚皮甜瓜主要包括网纹甜瓜、冬甜瓜和硬皮甜瓜（图4-11）。而薄皮甜瓜又称普通甜瓜、东方甜瓜、中国甜瓜和香瓜（图4-12）。

（1）种植品种　甜瓜生长所需最适温度为25 ~ 30℃。但不同生育期对温度要求不同。薄皮甜瓜耐低温性较厚皮甜瓜强。甜瓜喜光照充足，因此家庭种植应选择朝南、朝西或朝东的阳台，也可以直接在庭院种植。

甜瓜的品种类型丰富，中国华北为薄皮甜瓜次级起源中心，新疆为厚皮甜瓜起源中心。适合家庭种植的薄皮甜瓜应选择耐低温、耐弱光、株型紧凑、结果集中、肉质细腻、香甜爽口、抗病、早熟、高产的品种，如京蜜11号、蜜脆香圆等。厚皮甜瓜的代表品种为哈密瓜，家庭种植比薄皮甜瓜困难。

（2）种植季节　甜瓜为喜温耐热作物，其栽培季节应以将果实发育、成熟期安排在当地的高温干旱季节最为理想。华北地区阳台栽培甜瓜，一般于2月下旬至3月初在室内播种育苗，3月底至4月初定植，6月中下旬收获。

（3）育苗方法和技术　可用营养钵或营养块育苗。播种前3天将园田土3 ~ 4份加腐熟鸡粪1份充分混匀，再加入一些草木灰和少量杀菌杀虫剂，混拌均匀后就成育苗用的营养土。将配制好的营养土装在8厘米 × 8厘米塑料营养钵内。除使用营养钵外，也可以用泥炭育苗营养块，它是选择优质草本泥炭为主要原料，采用先进科学技术压制而成，集基质、营养、控病、调酸、容器于一体，具有无菌、无毒、营养齐全、透气、保壮苗及改良土壤等多种功效。甜瓜育苗使用圆形大孔40克规格的即可。

将种子放入55℃温水中烫种，同时搅拌，待水温降至30 ~ 35℃时，停止搅动，浸种4 ~ 6小时，使种子充分吸水后沥水，把种子放在浸湿拧干的清洁湿布上，再把布的四边折起卷成布卷，布卷外用湿毛巾包好，在28 ~ 30℃恒温条件下催芽。催芽过程中应注意温度、湿度、氧气三因素的调节。芽长1 ~ 2毫米时，即可播种。

播种时，先在营养钵中心扎1个小孔，然后把种子横放在钵内，胚根向下放在孔内。每钵播1粒发芽的种子。随覆湿润营养药土1 ~ 1.5厘米。

为了保墒、增温、防病、壮苗，还要分次覆土，每次覆0.3 ~ 0.5厘米厚的过筛细土，晴天中午进行，培养壮苗是栽培的关键之一。壮苗的标准是：生长整齐，茎粗壮，下胚轴及节间短，苗壮实，叶肥厚、深绿有光泽，根系发达、完整、色白，定植时3 ~ 4片真叶，无病虫害，子叶完好。

（4）栽植　甜瓜苗龄25 ~ 30天，3 ~ 4片真叶大小时便可定植。宜选择直径35 ~ 45厘米、高30 ~ 35厘米的花盆或其他容器种植。基质以2 ∶ 1比例的草炭营养土和蛭石，再加入5%～10%腐熟有机肥最好；也可用50%草炭营养土加25%园田土加20%沙土加5%腐熟细碎有机肥或充分腐熟细碎的麻渣、豆饼等有机肥，还可加入3%～5%生物有机肥。以上基质均以体积计算，充分掺匀后装入容器中。每盆栽1株，栽后浇透水。

（5）栽后管理

温度管理　甜瓜幼苗定植以后需要较高的温度，白天温度应稳定在25～30℃，土温应维持在20℃，晴天中午温度超过32℃时应开窗通风，夜间不低于20℃。果实发育后期进入糖分转化阶段，外界气温已经上升，此时应增大日夜温差（结果期昼夜温差维持在10～13℃），利于果实糖分的积累。

插立支架　选择4根长180厘米、直径11厘米左右的细杆，按正方形插在植物边缘，顶端扎在一起形成塔状。再准备4根长度为4米的麻绳，从支架顶部竖直垂到土壤表面。种植甜瓜时藤蔓可以自然地缠绕到挂绳上，这样就免去了绑牵引绳的麻烦。

整枝理蔓　甜瓜整枝方法依品种、结果习性、栽培方式和栽培目的而定。一般留蔓多，叶面积大，可多留瓜，高产、成熟晚。留蔓少，叶面积小，不能多留瓜，单株产量低，成熟早。家庭盆栽甜瓜可采用单蔓整枝或双蔓整枝。单蔓整枝时，当甜瓜主蔓长到20～25片叶摘心，在第8～17节子蔓上留瓜，瓜前留1～2叶摘心，每株留3～4个瓜，定瓜后，其余子蔓全部摘除。双蔓整枝的在幼苗4～5片真叶时摘心，选留2条健壮的子蔓生长，子蔓20～25片叶时进行子蔓摘心，子蔓第4节以内的孙蔓全部除去，选子蔓第5节以上孙蔓开始留果，每蔓留果3～4个，每株留6～8个瓜。孙蔓上留2～3叶摘心。

图4-11　网纹甜瓜

整枝应结合理蔓，使枝叶合理，均匀分布，减少茎叶重叠郁闭，增强光合作用，减少病害。整枝还应掌握前紧后松的原则。子蔓迅速伸长期必须及时整枝；孙蔓发生后抓紧理蔓、摘心，促进坐果，同时酌情疏蔓，促进果实生长；果实膨大后根据生长势摘心、疏蔓或放任生长。整枝应在晴天中午、下午气温较高时进行，伤口愈合快，减少病菌感染；同时，茎叶较柔软，可避免不必要的损伤。整枝摘下的茎叶应随时收集带出阳台，阴雨天不应整枝。

授粉　甜瓜属于雌雄同株异花作物。由于早春甜瓜开花时，气温较低，没有昆虫授粉，在自然条件下坐果率极低，为确保产量，可进行人工授粉。在预留节位的雌花开花时，采摘当天开放的雄花去掉花瓣，把花粉均匀地涂抹在雌花柱头上，看柱头上有花粉即可，以促使坐果，并在坐果前一节处留1～2片叶摘心。每天上午10：00以前授粉结实率最高。

留瓜　薄皮甜瓜一株上可结多个瓜。幼瓜鸡蛋大小，开始迅速膨大时选留。过早看不准优劣，过晚浪费养分。选留幼瓜标准：在结果预备蔓中选大、圆稍长、颜色鲜嫩、对称完好、果柄较长而粗壮、果脐小的。选留幼瓜分次进行，未被选中的瓜全部摘除，然后浇膨瓜水。

肥水管理　开花坐果后，视植株长势适当追肥。幼苗期适当控制灌水，果实膨大期加大灌水量，果实停止膨大时需控制灌水，收获前10天停止浇水。浇水宜在早晚进行，浇水后及时通风。

果实保护　当果实长到垒球大小时，在进行摘果的同时，需要用网将甜瓜吊起来，以支撑果实。将收获用网的两端扎起来，形成吊床的样子固定在支架上。用这个来承装果实，以支撑其重量。

（6）病虫害防治　甜瓜生长期间主要病虫害有枯萎病、炭疽病、病毒病、霜霉病和白粉病，在发病初期可喷洒75%百菌清600～800倍液。虫害主要有蚜虫、美洲斑潜蝇、根节线虫等，可用5%天然除虫菊素1 000倍液喷雾进行防治。

（7）采收　雌花开放后25～30天，皮色鲜艳，花纹清晰，果面发亮，显现本品种固有色泽和芳香气味，果柄附近瓜面茸毛脱落，果顶近脐部开始发软，用手指弹果面发现洞浊音时，即应采收。采摘一般选在早上或傍晚瓜温较低时进行，以清晨为好。方法是剪留T形果柄，摘的瓜要轻拿轻放。早晨采收的瓜含水量高。采收应该适时，欠熟瓜品质差，糖度低，香气少；而过熟的瓜肉质变软，甜度亦降低，甚至开裂易烂。

图4-12　薄皮甜瓜

葫　芦

葫芦是葫芦科葫芦属植物，主要分布在南亚与东南亚一带，以及非洲的赤道地区和南美洲的哥伦比亚和巴西等国。考古发现，新石器时代的浙江河姆渡遗址中就有葫芦种子，此外在湖北江陵、广西贵港、江苏连云港等地也发现了西汉时的葫芦种子，由此证明，葫芦应是中国古老的蔬菜种类。

葫芦具有福禄的谐音，口小肚大，自古以来就被当做招财纳福的吉祥物，民间有“厝内一粒瓠，家内才会富”的说法，意思就是葫芦为居家必备的开运吉祥物。

葫芦为一年生攀缘草本植物，有软毛，夏秋开白色花，雌雄同株，葫芦藤可达15米长，果实可以从10厘米至1米长不等，最重的可达1千克。新鲜的葫芦皮嫩绿，果肉白色，可以在未成熟的时候采收作为蔬菜食用。葫芦的保健功能很多，它能调节心脑血管、健身养颜、保护肝脏等，还有降血压的功效。另外，葫芦性平、味甘，利水消肿，葫芦的苦味质（葫芦素）还有较强的抗癌作用。

葫芦各栽培类型藤蔓的长短，叶片、花朵的大小，果实的大小形状各不相同。果有棒状、瓢状、海豚状、壶状等，类型的名称亦视果形而定。另外古时候人们把葫芦晒干，掏空其内，做盛放东西的物件。家庭种植葫芦，其枝蔓可以攀爬到住宅的墙壁上或窗边，形成一道天然的绿色幕墙，深受人们喜爱。

（1）种植品种　葫芦适宜在温暖湿润的气候条件下生长，对土壤条件要求不严格，各种土壤均可种植，抗逆性强，较抗病虫害，庭院、阳台均可种植。

葫芦的品种多样，主要分为菜用葫芦和观赏葫芦两类。菜用葫芦幼果可以食用，包括瓢葫芦、亚腰葫芦等，菜用葫芦果实老熟后可以用于雕刻、烙画等。观赏葫芦依据形状有鹤首葫芦、天鹅葫芦、手捻葫芦、大酒葫芦等多种类型，市民可以根据自己的需求选择不同的品种进行种植（图4-13、图4-14）。

（2）种植季节　一般华北地区家庭种植葫芦，3月下旬至4月初育苗，5月上旬移栽。或者4月下旬至5月上旬在庭院直播。

（3）育苗方法和技术　将选好的种子放入60℃温水中并不停搅拌，待温度降到30℃时停止搅拌，浸泡3～5分钟，用牙将种子咬开小口，再用30℃温水浸泡6～8小时。浸泡过的种子捞出后用湿布包好，放在25～30℃条件下催芽。

葫芦育苗可用营养钵，每个营养钵内播1粒种子，播后覆盖细土2厘米，覆土后加盖薄膜保温保湿。苗期温度控制在25～30℃，夜间保持18～20℃，土壤温度保持在16～18℃。幼苗出土后要给予充足的光照，视情况浇水。定植前7天适当降温通风，控制水分。

（4）栽植　当葫芦小苗长到2～3片真叶时可以移栽。家庭种植葫芦，如果在院子里可以直接移栽在露地上，也可以移栽到花盆里。盆栽选用较大较深的花盆，一般用长60厘米以上的长方形花盆，每盆栽2～3棵幼苗，每2棵幼苗间距20～25厘米，栽植不要过深，栽后浇透水，过4～5天再浇缓苗水。盆土用园田土7份、粪肥3份配制而成，每盆加饼肥20～30克、钾肥10～20克。

家庭庭院种植也可以装袋播种，将营养土装入10厘米×15厘米的塑料袋中，并在塑料袋底1/3处放入20～30粒磷酸二铵作底肥，装满压实，并将营养袋底角剪开或者在底部扎孔径为8～10毫米的眼2～4个以便透水。用木棒在营养袋中间扎3～4厘米深的眼，将催好芽的种子，芽眼朝下放好，覆完土后浇一次水。

（5）栽后管理

插立支架　在花盆上支四根支柱使其固定，高出花盆表面50厘米，并做成90°的网格状棚架。在母蔓长到4～5叶时掐蔓，留下2个子蔓，使其向上蔓延。子蔓爬上棚顶时要掐蔓，并使其2个孙蔓向上延伸。待孙蔓长到5个枝叶时开始掐尖，使果实从孙蔓、曾孙蔓上结出。让蔓任意生长，等其长出棚外时掐掉。葫芦长到5～6个时要追肥一次。当然，搭架子可以就地取材，阳台的护栏、防盗窗都可以让葫芦爬上去。

浇水追肥　盆栽葫芦非常容易干燥，在蔓刚开始蔓延时一天浇一次水，盛夏高温季节一天浇2次水。生长期以发酵好的麻酱渣和豆饼为好，可以稀释后和浇水同时进行。现蕾期要加施磷钾肥，以提高坐果率和果实质量。葫芦的生长最适温度是30℃左右，喜欢多日照，所以要尽可能多地晒太阳。炎夏的中午，以叶蔫而不焦为好，这样可以培养壮苗，控制疯长。待蔓长到1米左右高时，从根部上数第3～4片叶处打顶。因为葫芦有侧枝结果习性，这样可使底部早生侧枝早结果，并降低支架的高度，便于观赏。

图4-13　大酒葫芦

授粉　葫芦是异花授粉植物，花期授粉是坐果的关键。盆栽葫芦由于数量少，蜂源少，花期又很难相遇，必须人工授粉。葫芦每天傍晚开花，次日上午10：00前是最佳授粉期。授粉时用干燥的毛巾或小棉团，从雄花中采取花粉，立即接到雌花蕊里，不可耽搁。如遇雨天，要提前用塑料袋把雄花和雌花套好，不要受雨淋。特别是中型瓢葫芦最初结1～2个果实之后就不再结果，因此应将最早开的雌花掐掉。

图4-14　家庭种植葫芦

（6）病虫害防治　葫芦的抗病力强，病虫害较轻，一般不需要防治。如发生蚜虫、白粉病、病毒病等病虫害，可以选用生物农药进行防治。

（7）采收　根据需要，适时采收。若摘嫩瓜食用，在开花坐果期后10～15天即可，用作加工成工艺品的必须待完全成熟后方可采摘，否则影响品质和形状，造成损失。

砍　瓜

砍瓜是葫芦科南瓜属中国南瓜种的一个变种，是山东省章丘市绣江农业高新技术应用研究所刘开平先生培育出的一个瓜类蔬菜新品种。因其具有随砍随吃的特点，故而得名砍瓜。

砍瓜营养丰富，是瓜中佳品，是集保健药用于一身的菜食类瓜。嫩瓜皮薄肉嫩，香糯可口，可以炒食、凉拌、作馅、作汤等；老瓜皮厚耐藏，在自然温度条件下可以储藏一年，蔬菜家族里它的耐储藏性最好，冬季食用可以作馅和炖食。砍瓜营养价值高，其所含抗坏血酸能提高人体免疫力，对各类慢性疾病有良好的预防和辅助治疗作用。同时，砍瓜还具有药用价值，若不小心手指划伤后将瓜的汁液滴落在伤口上，伤口迅速愈合。

砍瓜观赏价值高，瓜条顺直美观，粗细均匀，最长的瓜身可达到150厘米，是都市农业、观光农业的首选蔬菜品种（图4-15、图4-16）。在农村可作为庭院经济大力发展，不仅为了食用，还可以起到美化环境的作用。城市住楼房居民可以利用阳台、护网采用盆栽的方法进行观赏栽培。

（1）种植品种　砍瓜喜温、耐热、不耐寒，因此家庭种植应选择朝南的阳台或者光照较好的朝东、朝西的阳台，也可以在庭院露地种植。

砍瓜生长速度快，产量高，瓜条细长，从幼瓜授粉到成熟仅20～26天，在适宜的气候条件下平均每天生长6～8厘米，每株结瓜3～5个，单瓜重6～10千克。

（2）种植季节　砍瓜在华北地区可以露地种植或家庭阳台盆栽种植。露地种植播种育苗期为3月中旬至4月上旬，苗龄30天，定植期4月下旬至5月上旬，采收期6月中旬至10月中旬；家庭阳台盆栽种植，应该根据采收时期来确定育苗时间，一般从播种到开始采收大约80天。

（3）育苗方法和技术　育苗采用营养钵育苗。选用8厘米×8厘米营养钵，营养土的配制比例为50%的草炭营养土，45%经消毒疏松的园田土，5%充分腐熟细碎的优质有机肥。也可直接采用商品育苗专用基质。种子发芽适宜温度为25～30℃，播前先用55～56℃温水浸种，刚下种后要用木棍不停地搅拌，至水温降至30℃左右，再浸种3～4小时，然后置于25～28℃条件下催芽，种子露白即播种，在适宜温度条件下种子48小时发芽。苗期管理注意水的管理要见干见湿，防治幼苗徒长。营养钵育苗在3叶1心时，即可炼苗5～7天移栽到花盆。

（4）栽植　采用盆栽种植，花盆的直径要在40厘米以上，定植前装好营养土，营养土采用充分发酵优质有机肥加未种过瓜菜的田园土进行配制，比例为1∶3。定植前1天将盆内营养土浇透水，盆栽每盆种1株，定植不要过深，土坨与地面平齐为宜，栽苗后及时浇水。

（5）栽后管理　缓苗后中耕松土，控制浇水，以提高地温，促进根系生长；团棵后露地栽培的用竹竿或木棍搭架，每株扎1个立杆，架高2～3米，横杆平绑于立杆顶端，架杆的强度要大，固定要牢固，避免架被压塌。盆栽种植的团棵后及时

用竹竿插架，每盆需5根100厘米长竹竿上下用两个铁圈固定。植株长至30厘米长时引蔓上架并及时理蔓，盆栽种植每株雌花开放要适时进行人工授粉，每天上午8：00～10：00取雄花花粉授在雌花花柱上，有条件的也可以放蜜蜂辅助授粉。在幼瓜膨大期要及时追肥浇水，每个花盆开穴施用腐熟有机肥0.6千克，一般追施3～5次。并要及时浇水，保持土壤湿润，使幼瓜生长有充足的养分和水分供应。

(6) 病虫害防治　砍瓜病虫害较少，适应性较强，但进入雨季在不良的环境下也会有多种病虫害，应及时检查并进行防治。在发病初期采用生物农药防治，不同品种农药应交替使用。

(7) 采收　砍瓜生长速度比普通瓜类快，嫩瓜长成即可随时砍下一段食用，每次吃多少砍多少。被砍的截面可以迅速愈合不影响生长，可以多次砍食嫩瓜。自开花结实后一般长到50厘米左右可以进行砍食，可选用干净清洁的菜刀，从下面往上选取，按食用多少砍取合适的长度。砍瓜瓜肉较细嫩，开刀后轻轻进行切割即可，每次砍时一定要注意留出瓜柄下15～20厘米的瓜体不要砍。一般一只砍瓜可以隔2～5天砍一次。老瓜在生理成熟后及时采收，在10℃左右避光恒温的条件下可以存放6个月以上。

在阳台种植的廊架瓜类一般个体较大，在日常家庭生活中有久存的习惯，久存的南瓜等容易发生无氧醇解，对身体有害，再有廊架瓜类家庭中一次食用不完，在放置过程中易被污染，而砍瓜有被砍的截面迅速愈合不被污染的特点，所以给人们的食用提供了很大方便，人们能吃到最新鲜的果蔬，这无疑是有利于健康的。

图4-15　砍瓜

图4-16　盆栽砍瓜

瓠　瓜

瓠瓜又名瓠子、扁蒲、夜开花，为葫芦科葫芦属一年生蔓性草本，原产非洲南部。花白色，多在夜间以及阳光微弱的傍晚或清晨开放，故有别名“夜开花”。雄花多生在主蔓的中、下部，雌花则多生在主蔓的上部。侧蔓从第1～2节起就可着生雌花，故以侧蔓结果为主。瓜条一般长50～60厘米，最长达1.5米，横径6～10厘米。嫩果果皮多淡绿色，果肉白色而柔嫩，水分和纤维少，品质佳（图4-17）。

瓠瓜含有蛋白质及多种微量元素，有助于增强机体免疫功能。同时，瓠瓜中含有丰富的维生素C，能促进抗体的合成，提高机体抗病毒的能力。瓠瓜幼果味清淡，品质柔嫩，可以炒食、作汤或作馅。瓠瓜在全国各地均有栽培，是夏季成熟早的瓜类之一。

（1）种植品种　瓠瓜为喜温植物，生长适温20～25℃。对光照条件要求高，在阳光充足的情况下病害少，生长和结果良好且产量高。对水分要求严格，不耐旱又不耐涝。因此，家庭种植应选择朝南的阳台或者光照较好的朝东、朝西的阳台，也可以在庭院露地种植。

家庭种植瓠瓜应选择适应性强、抗病性好、瓜长、单瓜重、果皮薄、光泽度好、耐高温的高产品种，如安吉青皮长瓠瓜。

（2）种植季节　家庭种植瓠瓜一般在3月底至4月初在室内育苗，4月底至5月初定植，定植后40天左右开始采收。

（3）育苗方法和技术　瓠瓜种植多采用育苗移栽的方式，家庭最好使用塑料穴盘或塑料营养钵育苗。穴盘育苗自配基质一般以草炭与蛭石按2：1比例混合，加入5%比例的腐熟、细碎、无味的有机肥即可；营养钵育苗可用草炭营养土和洁净沙壤土按7：3比例，掺入5%比例的腐熟有机肥装钵待用。浇透底水过6小时后播种，把催芽后的种子或干种子放于孔（或钵）内，每孔放1～2粒，然后再覆盖上1～1.5厘米厚细沙土或蛭石。在1片真叶时间苗，每钵留苗1株。育苗期间多见阳光，在2片叶时浇水、追肥。调节适宜的温度，白天23～28℃，夜间15～20℃，苗龄35～40天，有3～4片真叶时即可定植。

（4）栽植　一般家庭种植宜选择直径35～45厘米、高30～35厘米的花盆或其他容器。种植基质以2：1的草炭营养土和蛭石，再加入5%～10%腐熟有机肥最好；也可用50%草炭营养土加25%园田土加20%沙土加5%腐熟细碎有机肥或加入5%左右比例的充分腐熟细碎的麻渣、豆饼等有机肥，还可加入3%～5%生物有机肥。选在晴天的上午定植，每盆定植1株，栽时尽量不伤根，先挖坑再栽入幼苗，不要过深，以苗坨与盆土相平为宜。栽植后及时浇足水。

（5）栽后管理

植株调整　瓠瓜主要是侧蔓结瓜，待主蔓长到1米高后即摘心，留3～4条健壮侧蔓。侧蔓着生雌花很多，因此坐果后在瓜前留2～3片叶摘心，促生孙蔓，孙蔓结果后再摘心。

搭架打顶　架高2米左右，搭“人”字架，架要搭牢固，然后及时引蔓上架，使茎蔓有很好的通风透光姿势，便于管理和多结果。当主蔓长至5～6叶时，对主蔓打顶摘心，促进子蔓生长，子蔓均有雌花，保留上部留2条健壮子蔓爬架，代替主蔓生长，其余子蔓留1～2个瓜，并保留2叶摘心，以后的孙蔓也留1～2个瓜并保留2叶摘心，如此循环。瓠瓜庭院栽培，尤其观赏栽培，常令其放任生长，搭成棚架成绿色长廊，或爬于墙或篱笆上生长。

肥水管理　定植后要及时浇水，开花坐果前追肥2～3次，追肥后及时浇水。开始开花时停止肥水供应，喷1次叶面肥。在全开花坐果期，一般7～10天喷1次叶面肥。第一批瓜采收追肥1次，为后期续瓜提供充足的养分。

人工授粉　家庭阳台上栽培瓠瓜，如遇连续阴雨天气，应进行人工授粉。在7：00～9：00和18：00～19：00雌花开放时，采集雄花。把花粉涂在当天开的雌花柱头上，以提高结瓜率。同时，适当疏花疏果，减少植株不必要的养分消耗，以提高瓠瓜正品率。

（6）病虫害防治　瓠瓜生长期主要受蚜虫和白粉病危害。防治蚜虫可用黄板进行诱杀，白粉病可选用生物农药喷雾防治。

（7）采收　采收嫩瓜在开花后15天左右，即嫩瓜皮色淡绿、表皮茸毛减少、充分长大时是采收的适期。采收及时，嫩瓜皮薄肉嫩，品味鲜美；采收过晚，纤维化程度高，品质下降，也影响上部瓜的生长发育。采收老熟果，要在开花后50～60天。

图4-17　廊架瓠瓜

生 菜

生菜为菊科莴苣属中以嫩叶为食的栽培品种。原产于欧洲地中海沿岸，由野生种驯化而来。生菜中膳食纤维和维生素C较白菜多，有消除多余脂肪的作用，故又叫减肥生菜；因其茎叶中含有莴苣素，故味微苦，具有镇痛催眠、降低胆固醇、辅助治疗神经衰弱等功效；生菜中含有甘露醇等有效成分，有利尿和促进血液循环的作用；生菜中含有一种干扰素诱生剂，可刺激人体正常细胞产生干扰素，从而产生一种抗病毒蛋白抑制病毒。

生菜的品种多样，有绿色、紫色不同颜色，如果使用不同品种进行混种，就会欣赏到满园的瑰丽色彩。生菜易于种植，几乎全年都可以在花盆内种植，属于入门级的蔬菜（图4-18）。

生菜食用部分含水量高达94%～96%，故生食清脆爽口，特别鲜嫩；叶肉较厚，质柔嫩，叶略带苦味，品质佳，宜生食亦可熟食。

（1）种植品种　生菜喜凉爽的气候，耐寒性较强，因此适宜在朝南、朝东、朝西的阳台种植，一般在花盆中进行有土方式种植。但是，生菜到了夏季叶子就容易变硬、变苦，尽量避免夏季种植。

生菜按叶片的色泽区分有绿生菜、紫生菜两种，按叶的生长状态区分有散叶生菜、结球生菜两种。散叶生菜的单株重250～500克，结球生菜较散叶生菜生长期长，单株重量大，一般在400～750克，生长期长的晚熟品种可达1000克以上。一般家庭种植可以选择散叶生菜，常见的品种罗莎紫叶生菜、美国大速生菜、罗马直立生菜等。如果想得到较大的植株就在育苗盘中育苗后移栽，如果想吃嫩叶就要在花盆中多撒一些种子，可以一边间苗一边收获。

（2）种植季节　生菜除最炎热的季节，其他时间都可栽培。华北地区家庭阳台可以实现周年生产。通常4月、5月、9月生菜育苗在可以露天进行，不管是阳台还是庭院，6～8月种植生菜都要采取遮阳措施，10月至第二年3月份需在阳台种植。

（3）育苗方法和技术　生菜种子小，发芽出苗要求良好的条件，因此多采用育苗移栽的种植方法。当旬平均气温高于10℃时，即可育苗，低于10℃时需要采用适当的保护措施。夏季育苗要采取遮阳、降温等措施。盆土力求细碎、平整，待水下渗后，在花盆里撒一薄层过筛细土，随即撒籽。

种子处理　将种子用水打湿放在衬有滤纸的培养皿或纱布包中，放置在4～6℃的冰箱冷藏室中处理一昼夜，再行播种。为使播种均匀，可将处理过的种子掺入少量细潮土，混匀后再撒播，覆土0.5厘米。

苗期管理　苗期温度白天控制在16～20℃，夜间10℃左右，在2～3片真叶时进行分苗定植，并在花盆上覆盖薄膜。缓苗后，适当控水，利于发根、苗壮。不同季节温度差异较大，一般4～9月育苗，苗龄25～30天，10月至第二年3月育苗则苗龄30～40天。

（4）栽植　种植生菜可以选择容量为7～8升的圆形小盆，每盆移栽1株，这样

可以长成大株的生菜，剥外叶一层层地采收。也可以选择长方形容量比较大的花盆，多撒一些种子，一边间苗一边收获。种植基质以2：1草炭营养土和蛭石，再加入5%～10%腐熟有机肥最好；也可用50%草炭营养土加25%园田土加20%沙土加5%腐熟细碎有机肥。

（5）栽后管理

浇水　缓苗水后要看土壤墒情和生长情况掌握浇水的次数。一般5～7天浇一次水。春季气温较低时，水量宜小，浇水间隔的日期长；生长盛期需水量多，要保持土壤湿润；浇水既要保证植株对水分的需要，又不能过量，控制湿度不宜过大，以防病害发生。

中耕除草　定植缓苗后，应经常松松花盆内的营养土，增强土壤通透性，促进根系发育。在生长期间，应保持土壤湿润，注意中耕除草和抗旱追肥，高温干旱时要注意防治蚜虫。在生长后期水分不能过多，以免导致软腐病和菌核病的发生，浇水原则为小水勤浇。

为了减少其苦味并使其质地更为柔嫩，可进行软化处理。即在夏季当植株叶长茂盛后，将外叶扶起，束扎顶部并培土，经15～20天即能收获内叶黄白的生菜。

（6）病虫害防治　生菜主要发生的虫害是蚜虫等。虫量少时可采用人工捕捉，较多时可喷施生物农药。

（7）采收　生菜收获时，可以将整个植株全部剪下，也可以剥外叶采收，一层层地进行，这样就可以延长收获时间。一般于播种后100天左右叶片已充分长大，外观植株已丰满时整株割收。

图4-18　盆栽绿叶生菜

芹　菜

芹菜别名芹、旱芹、药芹等，起源于欧洲南部和非洲北部的地中海沿岸。芹菜的原始种野生于地中海沿岸的沙砾地带。在公元前9世纪荷马创作的古希腊史诗《奥德赛》中首次提到了这种植物。当时的希腊人把芹菜叶子当作月桂树叶用在婚、丧礼节的花环上，在古希腊时代，芹菜已被用作医药和香料，据说有预防中毒的效果。芹菜在汉代传入中国，后经长期栽培驯化，被培育成叶柄细长、香味浓郁的中国芹菜。中国的地方品种多数株高在60厘米以上，有实心和空心两种，被称为"本芹"。近数十年来，由欧美引入宽叶柄的西洋品种，被称作"西芹"，多作生食。西芹植株紧凑粗大，单株叶片数多、重量大，质地脆嫩，可分黄色、绿色与杂色种，在中国东南沿海各地正在迅速发展。

水芹味甘辛、性凉，有清热解毒、宣肺利湿等功效，其嫩茎及叶柄质地鲜嫩，清香爽口，可生拌或炒食。

（1）种植品种　芹菜是性喜冷凉湿润气候的蔬菜，因此适宜在朝南、朝东、朝西的阳台种植。本芹植株较高，叶柄细长且窄，香气浓。西芹植株多矮壮粗大，生长速度快，株高80厘米以上，叶片大，叶绿色。芹菜品种繁多，不同品种叶柄颜色各异，有淡绿色、白色、黄色或粉红色等，株型紧凑，外形美观（图4-19、图4-20）。

（2）种植季节　芹菜耐寒、耐阴、不耐热、不耐旱，可耐短期0℃以下低温，庭院及阳台最适宜在春季和秋季种植。

（3）育苗方法和技术　芹菜种子细小，种皮较厚，出苗较困难，为达到出苗快、全、齐，可进行浸种催芽。催芽前先将种子放于50～55℃中温水浸种消毒，不断搅拌，使种子受热均匀，20分钟后取出，放于12～14℃冷水中继续浸种，16～24小时后将浸过的种子洗净，用纱布或湿毛巾包好，挤去部分水分，放在冰箱中，保持5℃左右放2天，每天用清水冲洗1次，然后将种子放冷凉处（15～20℃）见光催芽，每天仍用清水冲洗种子1次。7～12天后种子开始发芽，待有50%以上的种子萌

图4-19　盆栽芹菜

发后即可播种。

播后覆土要薄要均匀，土壤要保持湿润，要小水勤浇，以利出苗。幼苗2片叶时间苗一次，3～4片叶时间苗一次，苗活后要对花盆中的土壤进行松土，促进秧苗发根。待秧苗长到5～7片叶，苗高15～18厘米时，即可定植。

（4）栽植　盆栽芹菜可以选择稍大一点的长方形花盆，并根据栽种容器大小安排定植的苗数，一般西芹间距比较大，香芹间距比较小。种植基质以2：1的草炭营养土和蛭石，再加入5%～10%腐熟有机肥最好；也可用50%草炭营养土加25%园田土加20%沙土加5%腐熟细碎有机肥。

（5）栽后管理　芹菜要求环境冷凉湿润，忌炎热，最适温度为15～20℃，芹菜整个生长期较长，大概140天。日常维护要注意水、肥、温度的管理。播种至出苗前每天浇水1～2次，高温季节选择早晨或傍晚进行，春、秋或冬季选择在中午进行，小水勤浇，保持土壤湿润。出苗后每天浇1～2次，待长到2叶以后3～4天浇水1～2次，4～5片真叶后减少浇水次数，保持土壤见干见湿。

前期可施用腐熟的有机肥作基肥，幼苗期一般不追肥。另外，高温期要注意遮阳降温，生长期及时防治病虫害，确保其正常生长发育，防止干旱、少肥、蹲苗，促进营养生长，可提高芹菜营养价值。

（6）病虫害防治　芹菜易发生的主要虫害是蚜虫、菜青虫等。蚜虫防治可捣点大蒜汁、肥皂水、烟丝浸出液等进行喷洒。菜青虫可采用人工捕捉的方法。

（7）采收　芹菜苗龄60～70天，从定植到收获约80天，单株重1千克以上。作为庭院或阳台蔬菜，可整株采收，亦可采用劈叶收获法多次采收，随时食用新鲜的芹菜。

图4-20　彩色芹菜

苦苣

苦苣又称苦菊，是菊科菊苣属中以嫩叶为食的栽培种。味微苦，可以凉拌、爆炒、作汤、作沙拉以及作火锅配料等，清脆爽口、味美色艳，深受人们喜爱。苦苣嫩叶富含蛋白质、碳水化合物、钙、磷、铁以及多种维生素和氨基酸，是一种出色的保健食品。

(1) 种植品种　苦苣喜凉爽的气候，耐寒性较强，因此适宜在朝南、朝东、朝西的阳台种植（图4-21）。苦苣分为皱叶种和阔叶种两个类型。

皱叶种　叶片长倒卵形或长椭圆形，深裂，叶缘锯齿状，叶面多皱褶，呈鸡冠状。株高约35厘米，开展度43厘米，叶片长达50厘米，叶宽约10厘米，叶数多。单株重0.5 ~ 1千克。微有苦味，品质较好，目前国内栽培较多，这一类型又可分为大皱、细皱两个品种类型。

阔叶种　叶片长卵圆形，羽状深裂，叶缘细锯齿，叶面平。外叶绿色，心叶黄绿色，叶柄淡绿色，也有的品种叶柄基部内侧为淡紫红色。株高约20厘米左右。开展度约35厘米，叶片长达30厘米，宽约9厘米，单株重5千克左右。如巴达维亚、白巴达维亚等品种。

(2) 种植季节　苦苣耐寒耐热性均较强，在阳台种植通过加温或遮阴，可做到周年供应。秋播和冬春收获的品质和产量较理想，夏季栽培宜采取防暴雨和遮阳降温措施。

(3) 育苗方法和技术　苦苣可以直播，也可以采用育苗移栽的方法。直播要求土壤疏松肥沃，播种时将种子均匀撒入穴内，并覆盖细土。若能将种子催芽后播种，则保证齐苗的效果更好。播种后要保证盆土湿润，出苗后及时间苗、定苗，适宜的株距一般为10 ~ 15厘米。育苗移栽的苗龄30天左右，4 ~ 5片真叶时定植，株距与直播相同。

(4) 栽植　种植苦苣可以选择容量为7 ~ 8升的圆形小盆，每盆移栽1株，这样可以长成大株的苦苣，剥外叶一层层地采收。也可以选择长方形容量比较大的花盆，多撒一些种子，一边间苗一边收获。种植基质以2 : 1的草炭营养土和蛭石，再加入5% ~ 10%腐熟有机肥最好；也可用50%草炭营养土加25%园田土加20%沙土加5%腐熟细碎有机肥。

(5) 栽后管理

浇水　移栽后视情况一般浇两次缓苗水，每次水量随秧苗长大逐渐增多，盆土湿度适宜时中耕松土保墒，促进根系发育和叶片生长，生长盛期要保持土壤潮湿。

追肥　苦苣在施足基肥的基础上，尽量少施或不施化肥以保证其品质。

温度管理　在阳台定植的秋冬苦苣，当外界气温逐渐降低时，应通过增加保温设备和通风换气来调节温度，使其白天保持15 ~ 20℃，夜间10℃左右，春夏栽培的苦苣定植后温度逐渐升高，日照增强，对生长不利，应遮盖遮阳网等降温，但要根据天气情况灵活揭盖，不能一盖到底。

(6) 病虫害防治　苦苣病虫害发生较轻，一般有病毒病、霜霉病、软腐病以及蚜虫、地老虎等。病虫害较重时，可以使用生物农药进行防治。

(7) 采收　苦苣可在叶片茂盛生长期开始时，剥外叶一层一层采收。一般于播种后90 ~ 100天，叶片已充分长大，外观株棵已丰满时整株割收。

图4-21　苦　苣

京 水 菜

京水菜全称“白茎千筋京水菜”，又称“水晶菜”，是十字花科芸薹属白菜亚种草本植物，是日本育成的一种外形新颖、矿质营养丰富的蔬菜新品种。以绿叶及白色的叶柄为食用器官。外形介于不结球小白菜和花叶芥菜(或北方的雪里蕻)之间，口感风味类似于不结球小白菜。可采食菜苗，掰收分芽株，或整株收获。

京水菜可洗净后切碎加盐、香油凉拌；或叶柄洗净后切成2厘米长段，“过水”后配海米、火腿肠丝等料爆炒。脆嫩清香，十分可口（图4-22)。京水菜具有特有的清香，品质柔嫩，是涮火锅的上好配菜，但涮的时间要短。也可腌制2 ~ 3天后食用，具有特殊的芳香味。也可作汤。经常食用京水菜具有降低胆固醇、预防高血压及心脏病的保健功能，还可促进肠胃蠕动，助消化。

(1) 种植品种　京水菜喜冷凉的气候，在平均气温18 ~ 20℃和阳光充足的条件下生长最宜。在10℃以下生长缓慢，不耐高温。喜肥沃疏松的土壤，生长期需水分较多，但不耐涝，因此家庭种植时应选择朝南、朝东或朝西向阳台种植。

京水菜为浅根性植物，主根圆锥形，须根发达，再生力强。茎在营养生长期为短缩茎，叶簇丛生于短缩茎上。茎基部具有极强的分株能力，每个叶片腋间均能发生新的植株，重重叠叠地萌发新株而扩大植株，使植株丛生。一般每株有60 ~ 100片叶。京水菜有早生种、中生种和晚生种三个类型，一般春秋季种植宜选用中晚生种，夏季种植可选用早生种。

(2) 种植季节　京水菜适宜于在冷凉季节栽培，夏季高温期间种植效果较差，尤其是在高温多雨季节植株易腐烂，家庭阳台种植夏季采取遮阴降温措施，可以实现周年供应。

(3) 育苗方法和技术　京水菜苗期生长较缓慢，且小苗纤秀，宜育苗移栽。可用穴盘育苗或营养块育苗，播种前浇透水，然后撒播干籽或浸泡1小时左右的湿籽，每穴播1粒种子，播后覆1厘米左右的细土，待植株长到6 ~ 8片真叶时进行移栽。夏季高温播种需要加盖遮阳网降温，出苗后要及时间苗，防止徒长。

(4) 栽植　种植京水菜可以选择容量为7 ~ 8升的圆形小盆，每盆移栽1株，这样可以长成大株的京水菜，采收叶及掰收分生小株。也可以选择长方形容量比较大的花盆，多撒一些种子，一边间苗一边收获。种植基质以2：1的草炭营养土和蛭石，再加入5% ~ 10%腐熟有机肥最好；也可用50%草炭营养土加25%园田土加20%沙土加5%腐熟细碎有机肥。注意不宜种植过深，小苗的叶基部均应在土面上，不然会影响植株生长及侧株的萌发甚至烂心。

(5) 栽后管理

水肥管理　定植后立即浇定植水，过3 ~ 5天，如土壤墒情差，应再浇水，保持小苗不蔫。京水菜前期生长较缓慢，一般不追肥，至植株开始分生小侧株时追肥2 ~ 3次。采收前7 ~ 10天不宜再追肥。

中耕除草　京水菜前期生长慢，前期要及时中耕、浅松土。

（6）病虫害防治　在低温和高湿的环境下易发生霜霉病。栽培上要注意合理浇水，增施磷钾肥提高植株的抗性。冬春栽培用中、晚熟种较抗霜霉病。虫害主要有蚜虫和白粉虱，可以通过悬挂黄板来防治。

（7）采收　京水菜对环境条件要求不高，很容易栽培。而且一次种植可连续收获几个月。小株采收的京水菜，当苗高15厘米左右时，可整株间拔采收，是火锅的上等配菜。分株采收的京水菜定植后约30天，基部已萌生很多侧株，可陆续掰收，但一次不宜收得太多，看植株的大小掰收外围一轮，待长出新的侧株后陆续收获。大棵割收的京水菜，植株长大覆盖满整个花盆时，一次性割收。

图4-22　京水菜

乌 塌 菜

乌塌菜别名瓢儿菜、塌棵菜、黑菜等，为十字花科芸薹属芸薹种白菜亚种的一个变种。原产于中国，主要分布在长江流域。

乌塌菜口感柔嫩、营养丰富，富含膳食纤维，热量又很低，是女性减肥的理想蔬食。乌塌菜成株塌地圆形呈菊花状，适宜阳台栽培。乌塌菜的叶片如金钱，植株葱绿而富生气，以遂“四季顺利”“吉祥如意”之心愿。

乌塌菜在春节前后收获，以经霜雪后味甜鲜美而著称。乌塌菜的叶片肥嫩，营养丰富，每100克鲜叶中含维生素C高达70毫克，钙180毫克及铁、磷、镁等矿物质，被称为维生素菜而备受人们青睐。乌塌菜性甘、平、无毒，能滑肠，疏肝，利五脏，常吃可防止便秘，增强人体防病抗病能力。

乌塌菜可炒食，如素炒乌塌菜、豆干炒乌塌菜、肉丝炒乌塌菜；可作汤，如蛋花乌塌菜汤、鱼片乌塌菜汤等。在烹饪乌塌菜时，以保持原味、不加佐料味道更为鲜美，色泽更为美观。

(1) 种植品种　乌塌菜是耐寒性作物，在25℃以上的高温和干燥条件下生长衰弱，易感染病毒病，因此家庭种植应选择朝南或光照较好的朝东、朝西的阳台(图4-23、图4-24)。乌塌菜的品种和类型很多，按其株型分为塌地与半塌地两种类型。

塌地型　植株塌地与地面紧贴，代表品种有常州乌塌菜、上海大、小八叶等。叶椭圆形，墨绿色，叶面微皱，有光泽，全缘，四周向外翻卷，叶柄浅绿色，扁平，生长期较长。

半塌地型　植株不完全塌地，代表品种有南京瓢菜、合肥黄心。其叶片半直立，叶圆形，墨绿色，叶面微皱，有光泽，全缘，叶柄白色。

(2) 种植季节　乌塌菜在不同的季节选用适宜的品种。冬春栽培可选用冬性强、晚抽薹品种；春季可选用冬性弱的品种；高温多雨季节可选用多抗性、适应性广的品种；秋季栽培可选用耐低温的塌地类型品种。家庭阳台种植可以实现周年供应。

(3) 育苗方法和技术　乌塌菜一般都进行育苗移栽，采用基质在育苗盘或花盆中育苗。播种前浇透水，然后撒播干籽或浸泡1小时左右的湿籽，上覆一层1厘米厚的细土，以保证水分的正常供给。适期播种的2 ~ 3天即可出苗，夏季高温播种需要加盖遮阳网降温，出苗后要及时间苗，防止徒长，这是培育壮苗的关键。一般苗龄25 ~ 30天即可定植，定植前需浇透水，以利拔苗。移栽时应尽量少伤根系和茎叶，以免造成机械伤口，诱发病害。

(4) 栽植　乌塌菜栽植深度以第一片真叶在地表以上为宜，密度以15 ~ 20厘米见方为宜。

(5) 栽后管理　栽植后要及时浇水，在气温高、蒸发量大的季节应多浇水，一般5 ~ 7天浇1次水。在气温逐渐下降后，土壤的蒸发量减少，可适当少浇。每次施肥后都要浇水。浇水要以土壤保持湿润为原则。夏季种植乌塌菜应该注意避免阳光

直射，温度控制在25℃以下，保持土壤湿润。

（6）病虫害防治　乌塌菜主要害虫有蚜虫、菜青虫、小菜蛾等，虫量少时可采用人工捕捉的方法，较多时喷洒生物肥皂或除虫菊素防治蚜虫。

（7）采收　乌塌菜生长期长短因气候条件和消费习惯而异。从4 ～ 5片叶的幼苗到成株都可陆续采收。一般华北地区秋季定植后50 ～ 60天采收。

图4-23　盆栽乌塌菜

图4-24　管道栽培乌塌菜

樱 桃 萝 卜

樱桃萝卜又名西洋萝卜，为十字花科萝卜属一年生草本植物。肉质根一般只有拇指大。形状有圆球形、椭圆形、棒槌形等，表皮有红色、淡红色或白色。樱桃萝卜具有生长迅速，品质细嫩，外形、色泽美观等特点。可口、甘甜、爽脆，几乎没有辛辣味，以生食为主。樱桃萝卜含较高的水分，维生素C含量是番茄的3～4倍。樱桃萝卜具有通气宽胸、健胃消食、止咳化痰、除燥生津、解毒散瘀、止泻利尿等功效。

樱桃萝卜食用方法很多，最好生食或蘸甜面酱吃，可红烧、炒食、凉拌、作馅、作汤、腌制等，作中西餐配菜也是别具风味。樱桃萝卜有不错的解油腻的效果。萝卜缨的营养价值在很多方面都高于根，维生素C的含量比根高近2倍，矿物质元素中的钙、镁、铁、锌等含量高出根3～10倍。因此，吃萝卜的同时，可千万别随手扔掉它。萝卜缨的食用方法与根基本相同，切碎和肉末一同炒食味道非常鲜美。

(1) 种植品种　樱桃萝卜为半耐寒性蔬菜，因此朝南、朝东、朝西的阳台都可以种植。温度高的季节，从播种到收获大概需要30天，气温低的季节，播种后60天左右就可以收获。

家庭种植应选择肉质根膨大速度整齐、形状周正、须根少、色泽艳丽、肉质甜润爽脆、口感好，叶片嫩绿，商品性好，丰产、抗病、易管理的品种。目前常见的樱桃萝卜品种有红元、白元、荷兰红星、玉笋、京白一号等，市民可以根据自己的喜好选择种植品种，也可以不同形状、不同颜色的萝卜搭配种植（图4-25）。

(2) 种植季节　家庭阳台种植樱桃萝卜，如果管理得当，一年四季随时可以种植，随时可以收获。如果春季种植，要选择不耐抽薹的品种。夏季种植要选择耐热能力强的品种，如日本品种红铃，还应采取遮阳措施。高温季节种植品种相对较差。

(3) 育苗方法和技术　樱桃萝卜比较耐寒，气温稳定在8℃以上时即可播种。干籽直播即可。一般选晴暖天气的上午播种。樱桃萝卜种植可以选择长方形容量比较大的花盆点籽播种，覆土1～1.5厘米，轻轻镇压一下，保证种子拱土有劲、出苗齐而壮。穴播的株距控制在3～4厘米，虽然播种时麻烦一些，但可以精准控制株距，节约种子，后期不用间苗，播种后要浇足水。种植基质以2∶1的草炭营养土和蛭石，再加入5%～10%腐熟有机肥最好；也可用50%草炭营养土加25%园田土加20%沙土加5%腐熟细碎有机肥。

(4) 播后管理

温度　播种后保证白天温度达到25℃，夜间最低温不低于7～8℃。齐苗后，除阴天外，均应在白天适量通风，控制白天温度为18～20℃，夜间温度为8～12℃，此期防止温度过高造成幼苗徒长成为“高脚苗”。在幼苗2叶1心时，加大通风量，控制叶丛生长，促进直根膨大，温度不宜过高，白天20℃左右为宜，夜间10℃左右。播种期较晚的春萝卜，后期外界气温升高，阳台内温度过高，应及时通风降温，保证气温不超过25℃。如果长期处在高温环境中，萝卜易糠心，粗纤维增多，辣味变

浓，从而降低产品品质。

水肥　樱桃萝卜由于生长期短，生长过程一般不追肥。水分管理比较严格，应时刻注意土壤墒情，保持田间湿润，不要过干或过湿，浇水要均衡。叶片旺盛生长期，要适当控制水分。直根破肚时，要浇够破肚水，肉质根膨大期要保持土壤湿润，防止土壤忽干忽湿。收获前5～6天停止浇水。

间苗定苗　播种后2～3天樱桃萝卜即可发芽出土。播后5～6天需查苗一次，要早间苗，分次间苗。第一次间苗在子叶充分展开、真叶露心时进行，保留子叶正常的苗；第二次在真叶2～3片时进行，间除并生、拥挤、病、残、弱苗，大多数樱桃萝卜品种可按株距3～4厘米定苗。

（5）病虫害防治　种植樱桃萝卜，只要保证阳台通风，管理适当，很少发生病害，在气温相对较高时要注意防治蚜虫和菜青虫等虫害。

（6）采收　樱桃萝卜播种后25～50天即可收获。选充分长大的植株拔收，留下较小的和未长成的植株继续生长。采收要及时。采收过早，产量低；采收过晚，纤维增多，易产生裂根、糠心，商品性差。圆形萝卜当肉质根直径达2.5～3.0厘米、叶片达到4～5片即可陆续采收，玉笋萝卜在肉质根直径达到1.5～2厘米可陆续采收，京白1号肉质根直径达4.5厘米左右可陆续采收。收获时注意防止碰伤肉质根。每收获1次，可根据墒情适量补水，以促进未熟的继续生长。

图4-25　樱桃萝卜

心里美萝卜

在众多萝卜的品种中，老北京人最喜爱的是心里美萝卜。

与红萝卜和白萝卜相比，心里美萝卜色泽鲜艳、含糖量高，口感更佳，可作为水果食用，还可用于配菜、刻花装饰，鲜食是第一选择。此外还可作成萝卜丝汤、凉拌糖醋萝卜，也可与胡萝卜、甘蓝、尖椒、姜等一起制成美味泡菜，是解酒、去油腻的首选佳肴。以前在北京地区主要是露地秋茬种植，分布非常广泛，是冬季百姓吃菜的一个主要品种，重要性仅次于大白菜。相对于其他蔬菜，心里美萝卜适应性广，种植方法简单，生长周期短，不但主产菜区，就连非蔬菜种植区、山区、各家房前屋后都可种植。

(1) 种植品种　萝卜为半耐寒性蔬菜，一般要求生长适温20 ~ 25℃，因此家庭阳台的东、南、西朝向都可以种植。家庭种植可以选择的品种有北京心里美和满堂红心里美（图4-26、图4-27）。

北京心里美　北京农家品种。叶深绿，羽状深裂，10 ~ 15片，生长期75 ~ 85天，肉质根椭圆形，皮上绿下白，1/2露于地面，肉色鲜红，深浅相间，呈放射性，单根重0.6 ~ 0.8千克，味甜、脆嫩，耐储运。

满堂红心里美　采用自交不亲和系方法选育而成的杂交新品种。板叶型，叶片叶柄均为绿色，叶簇直立，深绿。生长期75 ~ 80天，生长势强，肉质根椭圆形，绿皮，主根细长，肉质致密，脆嫩，肉色鲜艳，单株根重0.8千克左右，血红瓤比率100%，耐储运。

(2) 种植季节　家庭阳台种植心里美萝卜最适合的季节为秋季，8月上旬播种，11月上旬收获。其他季节种植的心里美萝卜品质不好，且容易抽薹。

(3) 育苗方法和技术　北京地区心里美萝卜播种期在8月，此时雨季还没有结束，播种到出苗时天气还很炎热，而萝卜籽吸水快，3天就可拱土出苗，因此采用干籽直播不需浸种催芽。播种期不能过早，否则会因气温和地温过高使植株病毒病严重发生。

盆栽心里美萝卜要选择高桩圆盆，深度要超过心里美萝卜肉质根长度的5 ~ 10厘米，一般在20 ~ 30厘米。盆土用园土5份、泥炭土2份、河沙2份及有机肥1份，不能使用新鲜未腐熟的肥料，盆底加入饼肥0.3千克，草木灰0.5千克。播种前应严格筛选，淘汰秕、小的种子，播种时先将基质调好水分，播种深度2 ~ 3厘米，覆土厚2厘米，压实，根据花盆的大小，确定播种的种子数量，一般每盆播种种子5 ~ 20粒。

(4) 播后管理

水分管理　萝卜在不同生长期对土壤水分的要求是不同的，播种至出苗要保持土壤湿润，如果盆土很干，必须浇水，等到出苗70%后再浇一水，确保苗齐苗壮。出苗后至幼苗期结束（5 ~ 6片真叶）需15 ~ 20天，可根据土壤墒情确定是否浇水。进入叶片生长盛期，叶面积迅速扩大，同化产物增多，根系吸收水分也增加，要结合施肥进行适当浇水，但要对水量进行控制，不能过大。肉质根膨大期是肉质根生

长最快时期，地上部分生长逐渐缓慢，地下部营养积累加速，因此此期（20天左右）水分不能缺，要保持土壤含水量在70%～80%，结合追肥及时补充水分。采收前7天要停止浇水，以防根部产生纵裂。

追肥　秋季心里美萝卜追肥一般在蹲苗结束后，植株7～8片真叶时开始，可追肥2～3次，每15～20天一次，种类可选用雷力有机冲施肥或其他冲施肥，随水追施。

间苗定苗　当幼苗具1片真叶时，要及时间苗，最好二次间苗、一次定棵，第一次间苗可保持苗间距3厘米左右，第二次间苗保持苗间距10厘米左右，去除多余的小苗，防止小苗相互拥挤造成徒长。幼苗期结束，当植株5片真叶时可定棵，根据不同品种，株距选择一般20～30厘米。采用点播方式播种的选留健壮的幼苗。

（5）病虫害防治　心里美萝卜的主要病虫害为病毒病、蚜虫和小菜蛾。防治方法：一是选用抗病品种；二是不能播种过早，避开高温；三是苗期不能缺水，要及时补充水分，发现病株及时拔除；四是进行药剂防治，提早灭蚜，阻断传播途径。

（6）采收　北京地区的心里美萝卜在播种后75～80天就可收获，收获期从10月下旬开始，要及时采收，外界气温低于0℃前一定要收完，防止受冻害。需要进行储藏的要提前做好准备工作，储藏供应期可从11月到第二年5月。

图4-26　盆栽萝卜

图4-27　心里美萝卜

芜　菁

芜菁原产于地中海沿岸及阿富汗、巴基斯坦等地。中国华北、西北地区芜菁栽培历史悠久，曾流传有诸葛亮发动军民广种芜菁的故事，至今在我国西南地区还把芜菁叫做诸葛菜。芜菁营养丰富，含糖和淀粉比萝卜多，还含有大量的维生素和矿物质，是儿童的一种保健食品，有治咳嗽的功效。芜菁的魅力在于不但可以吃粗壮的胚轴，还可以吃叶片和叶柄，整个植株几乎没有不能吃的地方。若是种植小型芜菁，不但种植周期短，而且种植空间也小，可以一边间苗一边收获，最适合阳台种植（图4-28）。

（1）种植品种　芜菁有一定的抗寒性，成长的植株可耐轻霜。肉质根生长适温15 ~ 18℃，要求一定的温差，因此家庭种植可选择朝南、朝东或朝西的阳台进行。

芜菁为直根系作物，下胚轴与主根上部膨大形成肉质根，其结构属萝卜类型。通常肉质根有1/3 ~ 1/2裸露在地面上。肉质根扁圆至圆锥形，皮白或淡黄、紫色，肉白或淡黄色。芜菁有两种类型：一种是圆球类型，肉质根扁圆或圆球形，生长期较短，肉质根较小，代表品种有河南焦作芜菁、浙江温州盘菜等；第二种是圆锥类型，生长期较长，肉质根较大，代表品种有猪尾巴芜菁、菏泽芜菁。家庭种植除可选择以上品种，还可以选择袖珍芜菁如夏时小芜、早生金町小芜，均为日本品种。

图4-28　芜　菁

（2）种植季节　芜菁肉质根的生长需要冷凉的气候，因此栽培一般在秋季，播种期与大白菜相近，8月上旬播种，10月下旬至11月上旬收获，生长期80 ~ 100天。

（3）育苗方法和技术　盆栽选容量15 ~ 20升的长方形花盆，盆土用园土6份、腐熟有机肥2份、河沙1份、复合肥1份配制而成。

芜菁播种期在8月，采用干籽直播，不需浸种催芽。播种期不能过早，否则会因气温和地温过高使植株病毒病严重发生。播前精选种子，淘汰瘪粒、不饱满种子。在花盆中每隔5毫米间距进行条播，如果播种2列以上则列间距保持在10厘米为宜。覆土深度1.5厘米以上，播后稍加镇压。

（4）栽后管理

间苗定苗　播后5 ~ 6天需查

苗一次，如缺苗应立即补种。要早间苗，分次间苗，适时定苗。第一次间苗在子叶充分展开，真叶露心时，第二次在真叶2～3片叶时进行，定苗在真叶5～6片叶时进行。如果株距过窄，则结出的芜菁会小而多，如果想要收获较大的芜菁，则需要适当加大苗与苗的间距。一般第一次间苗保持株距2～3厘米。最后定苗时，植株间距10厘米以上，可以使芜菁更容易长粗。

水肥管理　播后要保持土壤水分，春季温度低要少浇水，夏季干旱一般5～7天浇一次小水，降温防病毒病。

叶片生长旺盛期管理　要适时控制水分中耕、蹲苗，时间应根据气候、土质情况，若天气干旱应缩短蹲苗或停止蹲苗。

肉质根生长盛期管理　要保持土壤湿润，防止土壤忽干忽湿，肉质根膨大初期应追施一次粪肥。

（5）病虫害防治　芜菁的病虫害比较少，主要是蚜虫、菜青虫等，可以进行人工捕捉。

（6）采收　芜菁一般在定植后80～90天收获，过早影响产量，过迟纤维增多，易产生糠心，商品性降低。收获时注意防止碰伤肉质根。

球茎茴香

球茎茴香是伞形科茴香属茴香种的一个变种，原产于意大利南部。由叶鞘基部层层抱合形成的扁球形脆嫩“球茎”，成熟时可达250～1000克，为主要的食用部位（图4-39）。球茎茴香营养物质较全面，茎叶中还含有茴香脑，有健胃、促进食欲、祛风邪等食疗作用。口感鲜嫩质脆，味清甜，一般切成细丝放入调味品凉拌生食，也可配以各种肉类炒食。其外形新颖独特，很受消费者欢迎。

（1）种植品种　球茎茴香性喜冷凉的气候条件，但适应性广，耐寒、耐热性均较强，因此家庭种植可选择朝南的阳台或者光照较好的朝东、朝西阳台进行。球茎茴香种子大多从国外引进，近几年国内也有繁育，根据球茎的形状可分为扁球形和圆球形两种类型，家庭种植推荐的品种主要是意大利结球茴香。

（2）种植季节　球茎茴香在华北地区春、秋露地及保护地均可栽培。一般家庭阳台种植春季2月中下旬播种，3月下旬定植，6月下旬收获；秋季6月下旬至7月上旬播种，此时期播种要注意遮阳，8月上旬定植，10月中下旬采收。

（3）育苗方法和技术　球茎茴香播前晒种6～8小时，用手搓后浸种20～24小时，放在21℃条件下催芽，每天用清水投洗1次，6天左右出芽后播种。用128穴的穴盘或6厘米×6厘米规格的营养钵育苗，以草炭、蛭石为基质。播种后覆土1厘米厚，出苗后调节好温度和湿度，夏秋季防止温度过高以免茎叶徒长。植株5～6片叶，株高20厘米时即可定植。

（4）栽植　移栽可选用20～40厘米直径的圆盆，盆土用园土6份、有机肥2份、腐叶土2份配制而成，每盆栽1株。定植时注意不要散坨，栽后浇足定植水2～3次，使早日缓苗成功。

(5) 栽后管理

温度 定植后保持温度白天20～28℃，夜间15～20℃；茎叶生长期白天20～25℃，夜间10～12℃；球茎膨大期白天18～25℃，夜间10℃。

浇水追肥 定植后3～4天浇缓苗水，缓苗水不宜过大，缓苗后中耕蹲苗10天，以促进根系生长。球茎开始膨大期至收获前小水勤浇，一般每2～3天浇1次水，保持土壤湿润；"球茎"开始膨大时追第一次肥，可用3%的复合肥，过15天再追2次肥，结合浇水进行。叶球肥大后期应减少浇水。

(6) 病虫害防治 球茎茴香主要病虫害有根腐病、灰霉病、白粉病、蚜虫等。在病害防治上，首先注重施用充分腐熟的有机肥，减少伤根，采用小水勤浇的方式，在浇水后及时浅中耕，播种或移栽前，基质要进行消毒。如果病害发生严重，可选用生物农药进行防治，可喷洒50%的多菌灵可湿性粉剂。在蚜虫防治上，可在距地面20厘米架黄色盆，内装0.1%肥皂水或洗衣粉水诱杀有翅蚜虫。

(7) 采收 当球茎厚度达6厘米以上、质量达0.3千克以上时即可采收，将整株拔出，用利刀将根削去，留5厘米长叶柄。

图4-29 球茎茴香

胡　萝　卜

胡萝卜起源于近东和中亚地区，汉代张骞出使西域时首次将胡萝卜引入中国。

胡萝卜中含有的大量β-胡萝卜素，是一种橘黄色脂溶性化合物，也是自然界中最普遍存在也最稳定的天然色素。它还是一种抗氧化剂，具有解毒作用，是维护人体健康不可缺少的营养素，在抗癌、预防心血管疾病、白内障及抗氧化上有显著功效。当其被人体摄入后，可以转化成维生素A，是目前最安全的补充维生素A的产品，可保护皮肤，改善夜盲症，预防各类慢性疾病。一般来说，颜色愈深的品种胡萝卜素或铁盐含量愈高，红色的比黄色的高，黄色的又比白色的高。每1000克胡萝卜中含胡萝卜素36毫克以上。每天吃两根胡萝卜，可使人体血液中胆固醇降低10%～20%，并对预防心脏疾病和肿瘤有奇效。胡萝卜食用方式多种多样，可以鲜食、炒食、煮食、蒸食、作汤，也可以加工腌制、干制、蜜制、罐藏或制成饮料。

（1）种植品种　胡萝卜属半耐寒性蔬菜，家庭种植可选择朝南的阳台或光照较好的东西向阳台。盆栽胡萝卜应选择红皮、红肉，芯柱及顶盖极小，无青头，皮光滑，肉质细腻，口感脆甜，形状整齐的品种。家庭阳台种植推荐的品种有红小町胡萝卜、三寸胡萝卜、小丸子等（图4-30、图4-31）。

（2）种植季节　华北地区，家庭阳台内春、秋、冬季均可进行种植，庭院露地一般在春、秋季节种植。阳台内春季播种时间为3月上中旬；春露地栽培播种时间为4月上旬；秋露地在7月上旬至8月上旬播种，阳台内秋季种植在9月以后可陆续播种。

（3）育苗方法和技术　盆栽胡萝卜应选择高桩圆盆，深度要超过胡萝卜肉质根长度5～10厘米，一般在20～30厘米。盆土用园土5份、泥炭土2份、河沙2份及有机肥1份配制而成，不能使用新鲜未腐熟的肥料。盆底加入饼肥0.3千克、草木灰0.5千克。

播种前应严格筛选种子，人工搓去种子的刺毛。可采用浸种催芽后再播种的方法，用30℃温水浸种2～4小时，捞出后用纱布或软棉布包好置于20～25℃的环境下催芽，每天用清水淘洗一遍，2～3天后露白即可播种，也可采取干籽直播的方式。播种时先将基质调好水分，播种深度2～3厘米，覆土厚2厘米，压实，一般每盆播种子5～20粒。胡萝卜种子不易发芽，因此，要想保证植株的发芽率，必须杜绝干燥现象的发生，在发芽前土壤表面始终保持湿润，需要勤浇水。播种以后可覆盖一层麦草，以起到降温、保湿的作用。

（4）栽后管理

间苗　在幼苗2～3片真叶时第一次间苗，掌握株距3厘米左右，同时在行间浅中耕松土，促使幼苗生长；在幼苗4～5片叶时进行定苗，去除弱株和有病虫株，掌握株距6～8厘米。

浇水　冬春季节阳台种植，浇足底水后，苗期尽量少浇水，以防茎叶徒长；肉质根开始膨大时至采收前7天，应及时浇水，但不要一次浇水过大，以小水勤浇为

图4-30 迷你胡萝卜

图4-31 家庭种植胡萝卜

宜，保持土壤湿润，促进肉质根迅速膨大。夏秋季节播种至出齐苗期间应1～2天浇一水，以利降低土壤温度。出苗后至肉质根膨大期应少浇水，肉质根膨大期5～7天浇一水。

追肥 基肥数量充足可不必追肥，若施用基肥数量少，可在肉质根膨大初期追施一次三元复合肥，每盆20～30克，施后浇透水。同时可进行叶面施肥快速补充营养，夏秋季节在晴天要避开中午时间喷施，以免蒸发过快影响效果。

调节温度和光照 在阳台种植要随时调节温度和光照，使其在适宜的环境条件下生长，冬春季节采取保温措施，夏秋季节11：00～15：00于阳台覆盖遮光率60%的遮阳网，以减少日照时数，降低阳台温度。

(5) 病虫害防治 胡萝卜的主要病虫害有黑腐病、绵腐病、蚜虫等。可通过合理施肥，加强管理，防止徒长，提高植株抗病力。如果病害较严重，也可以喷洒生物农药进行防治。

(6) 采收 胡萝卜根的肩部直径达到3～4厘米就到了收获期，也可以翻开土壤来观察根部是否已经足够粗壮。若采收过晚，胡萝卜内部容易出现开裂，采收过早则产量低、口感欠佳。挖出肉质根后最好保留3～4厘米长的叶片。

紫油麦菜

油麦菜是莴笋的一个变种，分为尖叶和圆叶两种类型。紫油麦菜是从国外引进的一个新的油麦菜品种，紫红色，是以嫩梢、嫩叶为产品的尖叶型叶用莴苣。株高25厘米，开展度20厘米，叶片披针形，长20厘米，色泽浅绿，长势强健，抗病性强，耐热，耐抽薹；质地脆嫩，口感极为鲜嫩、清香，凉拌、素炒、作汤皆宜，可起到降血脂、保护心血管作用。

紫油麦菜一年可栽培多茬，生长期短，一个生产周期45～65天。适应性强，容易栽培，一次播种，分批采收，是均衡蔬菜供应、增加单位面积产量的特种蔬菜，极其适合家庭阳台种植（图4-32）。

（1）种植品种　紫油麦菜为半耐寒性蔬菜，因此家庭种植应选择朝南阳台或朝东、朝西的阳台进行。家庭栽培应选择生长势强、生长速度快、早熟、纤维少、脆嫩、香味浓郁、口感甜爽的品种。春、夏季节栽培，选用对长日照反应欠敏感、耐抽薹的品种。夏、秋高温季节栽培，选用抗热、耐湿、抗病虫害的品种。外形上，选用叶片绿色、叶面光滑、披针形、植株直立紧凑的品种。

（2）种植季节　紫油麦菜系叶菜类，品质脆嫩，不宜储存，因此播种及定植须陆续分期进行。紫油麦菜一年四季均可播种，家庭阳台种植，冬季要注意保温，夏季要利用遮阳网覆盖栽培。

（3）育苗方法和技术　紫油麦菜种子发芽适温为15～20℃，超过25℃或低于8℃不出芽，故夏秋栽培必须催芽播种，否则难以保证育苗成功。先将种子用清水浸泡4～6小时，然后捞起沥干，用纱布包好，把浸泡好的种子放入15～20℃恒温箱内，并坚持每天冲洗一遍。上述催芽经2～4天，有60%～70%出芽即可播种。适宜季节可直播育苗，夏秋季节育苗和生产最好采用遮阳网遮光降温生产。

播种时育苗盘要浇透水。因种子褐色细小，播种前须掺细土，撒播，播后覆过筛细土，如天热再加盖草苫遮阳，天冷则覆一层地膜，出苗后均需揭去覆盖物。夏季出苗需3～4天，冬季出苗需7天左右。当苗长至3～4片真叶时即可移栽到花盆。

幼苗生长适温12～20℃，但可耐短期5℃的低温。播种后出苗前和分苗后温度可略高一些，有利于出苗与缓苗。在定植前7天左右进行苗期管理。油麦菜耐弱光，对水分要求不干不湿，分苗和定植前1～2天浇起苗水，一定使幼苗多带土，土坨不散，保护根系少受损伤。缓苗后适当控水，促使发根，防止徒长和老化。

（4）栽植　种植油麦菜可以选择长方形、容量比较大的花盆，多撒一些种子，一边间苗一边收获。种植基质以2：1的草炭营养土和蛭石，再加入5%～10%腐熟有机肥最好；也可用50%草炭营养土加25%园田土加20%沙土加5%腐熟细碎有机肥。

（5）栽后管理

浇水　油麦菜根系浅，吸收能力弱，叶面积大，耗水量多，故喜潮湿，忌干燥。因此，定植后2～3天浇1次缓苗水，加快缓苗。整个生长发育期间，要保持土壤湿润、疏松。高温季节避免土壤过干，缺水时可于早晚喷淋，保持叶片鲜嫩。

施肥　油麦菜全生育期吸收氮肥和磷肥较多。幼苗期以施氮、磷肥为主，配施适量钾肥，以促根系和叶片生长，但应避免偏施氮肥，防止幼苗徒长。成株期随着植株叶片的增多、叶面积的扩大，需要的氮肥量也增多，故以施速效氮肥为主。

（6）病虫害防治　紫油麦菜病虫害较轻，一般很少发生，如果发生菌核病、白粉病等，可喷洒生物农药防治。

（7）采收　油麦菜以食用柔嫩的叶片为主。待植株长到30厘米高、茎基直径1～2厘米时或5片叶以上，并在老叶片未老化前，都可随时采收。采收时，从基部近地面处整株割下，削去下部老茎，剔除外面几片老叶后食用。

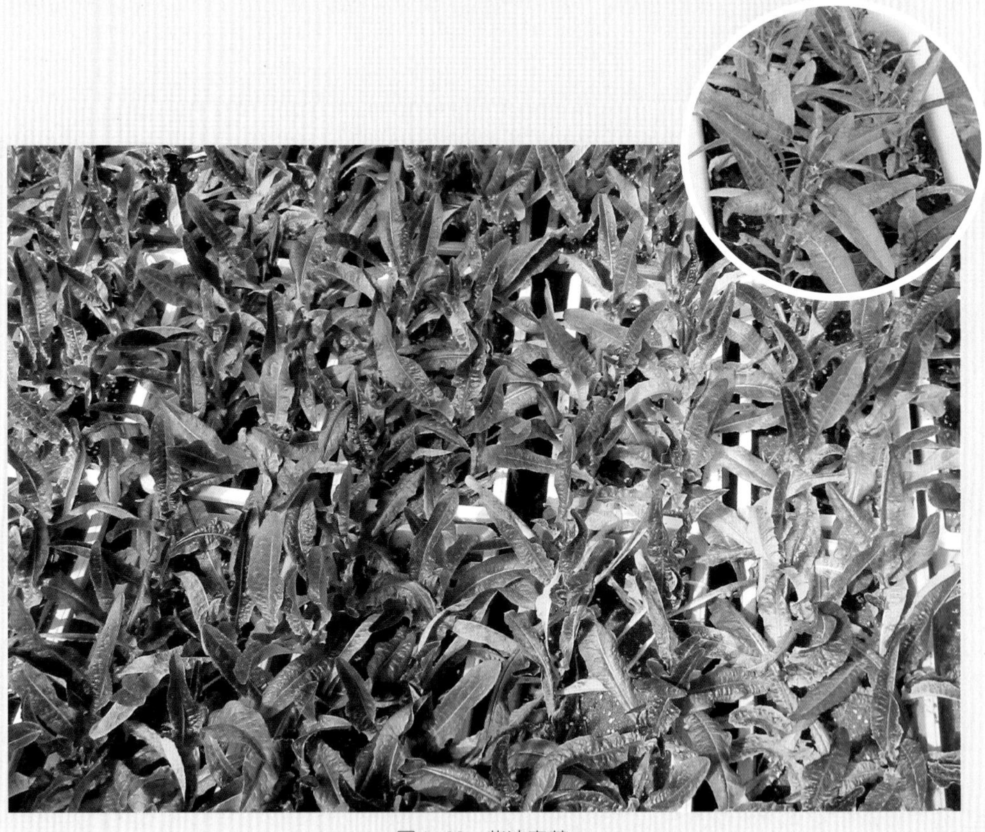

图4-32　紫油麦菜

紫 甘 蓝

紫甘蓝又名紫洋白菜，是十字花科芸薹属甘蓝种中能形成紫色叶球的一个变种(图4-33)。紫甘蓝的营养丰富，含胡萝卜素、维生素B_1、维生素B_2、维生素C、尼克酸、糖类、蛋白质、脂肪、粗纤维、钙、磷、铁等，其中维生素及矿物质成分都高于其他结球甘蓝，属蔬菜中维生素含量较多的品种。紫甘蓝食法多样，可煮食、炒食、凉拌、腌渍或作泡菜，因其含丰富的色素，是拌沙拉和西餐配色的好原料。

(1) 种植品种　紫甘蓝喜冷凉、较耐寒，属耐寒性蔬菜，因此家庭种植可以选择朝南、朝东、朝西的阳台进行。适合家庭种植的紫甘蓝品种有红亩、早红、早生、超紫、紫玉、普来米罗等。春季种植要选择中早熟的春甘蓝品种，秋季种植要选择中晚熟的秋甘蓝品种。还可以选择可以一次性吃完的迷你品种。

(2) 种植季节　华北地区家庭种植紫甘蓝主要有春、秋两个茬口：春季种植2月中旬播种，4月中旬定植，6月中下旬收获；秋季种植6月中旬播种，7月中下旬定植，10月中旬收获。

(3) 育苗方法和技术　紫甘蓝的出苗时间较普通结球甘蓝长，在较湿润和黏重的土壤中往往出苗不齐，因此在家庭种植要采取育苗移栽的方式。根据实际条件可选择穴盘育苗或营养块育苗育苗。穴盘育苗可按有机肥：园田土1：5的比例进行配土，有条件的最好选用无土育苗，可按有机肥：草炭：蛭石1：3：3的比例进行配制，可做到出苗齐、成苗快、幼苗壮。无论采取什么育苗方式，播前底水都要浇足，然后播种。可干籽直播，也可浸种3小时，但不能时间过长，造成发芽势降低。播种后可覆1厘米厚表土，在穴盘上方盖上农膜，以保持空气湿度。在整个籽粒出齐前都不要再浇水，无土育苗根据土壤湿度要适当补充水分。

紫甘蓝种子发芽的最适温度是18 ~ 20℃，春季育苗以增温为主，通过增加空气温度来增加土壤温度，因此在幼苗出土前空气温度最好在25℃以上。这时土壤湿度够的情况下最好不浇水，如基质过干可用喷壶洒水补充。而秋季生产基质育苗的温度往往高于发芽适温，应及时补水降温。待幼苗50%拱出土时可撒一层薄薄的底土，以防因覆土过薄造成的种子“带帽出土”。

幼苗出齐后，可将白天气温适当降低，生长适温白天20℃，夜间10℃。待苗长到5 ~ 6片真叶时即可定植。壮苗标准是：春季苗龄70 ~ 80天，秋季苗龄30 ~ 35天，具6片真叶，根系发达，株高10厘米，茎粗0.5厘米以上，叶片宽厚，浅绿带紫，无虫无病。这样的幼苗定植后缓苗快，抗性强。

(4) 栽植　上盆时用20厘米左右的花盆，盆土用园土、有机肥、河沙以6：2：2配制而成，每盆栽1株，栽后浇足水。

(5) 栽后管理

莲座期管理　紫甘蓝定植缓苗后就开始进入莲座期，这一时期主要进行叶片的生长，前期要适当进行蹲苗，减缓叶片数增加速度，增加叶面积扩充速度。但蹲苗时间不宜过长，早熟品种蹲苗10 ~ 15天，中晚熟品种20 ~ 30天。

包心期管理 进入包心期后，紫甘蓝的日增长量开始加快，叶球迅速生长，包心中期达到日增重最快阶段，要及时进行水分和速效肥料的补充。开始包心以后，要保持土壤湿润，及时浇水，但以小水勤浇为宜，一般每隔7 ~ 10天浇1次水。可分别在结球前期和结球中期各追施1次速效肥料，第一次每盆可随水冲施有机冲施肥20克，第二次当叶球直径达最大时，可每盆追施有机冲施肥20克。

（6）病虫害防治 紫甘蓝在生长过程中的主要病害有霜霉病、黑腐病和黑斑病，虫害主要有菜青虫、小菜蛾和蚜虫。如果病害较重可以喷洒生物农药，虫害可以通过人工捕捉防治。

在甘蓝收获季节还要注意“裂球”现象的发生，产生裂球的原因一是由于长时间干燥后突然大量浇水，甘蓝无法承受水量的急剧变化而开裂；二是早春时节错过了收获期，甘蓝长出了花茎。裂球的甘蓝虽然也可以吃，但它的纤维会变得比较硬。

（7）采收 当叶球的直径长到12 ~ 15厘米，用手按压后感觉很结实时，就可以收获了。紫甘蓝进入收获期的具体标准应根据品种特性而定，早熟品种定植后60 ~ 70天、球重0.6 ~ 1.0千克，中晚熟品种定植后70 ~ 90天、球重1.5 ~ 2.5千克。优质产品球型对称，表面光滑，不开裂，无虫害损伤或机械损伤。带着1 ~ 2片真叶，用剪子或菜刀将根部切断，进行收获。

图4-33　盆栽紫甘蓝

紫　油　菜

紫油菜为十字花科芸薹属植物油菜的杂交一代。生长势强，抗病性好，较晚抽薹，株型半直立，株高20厘米左右，开展度29厘米左右，叶面平展，紫色有光泽；叶柄较宽，翠绿色，品质较好，单株重150 ~ 200克，生育期40 ~ 50天。紫油菜的营养素含量及其食疗价值可称得上蔬菜中的佼佼者，其风味浓郁，爽脆清口，好评度极高。紫油菜富含有膳食纤维，可降血脂，还可解毒消肿、宽肠通便、强身健体。紫油菜含有大量胡萝卜素和维生素C，有助于增强机体免疫能力。紫油菜所含钙量在绿叶蔬菜中为最高，一个成年人一天吃500克紫油菜，所含钙、铁、维生素A和维生素C即可满足生理需求。紫油菜刚刚摘下的嫩菜叶柄部分肉厚而甘甜，口感脆爽。适合制作炒菜、炖菜、汤菜等。

(1) 种植品种　紫油菜是半耐寒性的蔬菜，喜冷凉，忌高温，因此家庭种植可选择朝南、朝东或朝西的阳台进行。宜选择高产、耐温性好、抗病虫害优质的品种(图4-34)。播种前还要对种子进行必要的挑选、晾晒、浸泡等工作，一方面可以有效催芽，另一方面还可起到杀菌的作用。

(2) 种植季节　根据紫油菜各生育期对温度的要求，华北地区家庭阳台一年四季均可栽培。夏季可进行遮阳栽培，选用耐热、高温不易抽薹的品种。冬季注意增加保温措施。最佳播种期为秋季或秋冬季。

图4-34　紫油菜

（3）育苗方法和技术　紫油菜播种一般采用直播。可以选择宽10～15厘米、高15～20厘米、容量7～8升的方形小盆，按行距10厘米、株距1厘米进行点播。盆土用园土6份、有机肥2份、腐叶土2份配制而成。

（4）栽后管理

间苗　播种7～10天后，植株长出子叶，要按照2～3厘米的间隔进行间苗。长出2～3片真叶后，按照10厘米以上的间隔进行间苗，间下来的菜苗可以直接作菜食用。

追肥　当植株叶片颜色变浅就要施肥，可以在土壤中加入发酵的油渣，可以提高土壤的氮含量。将土壤表面均匀地撒上发酵油渣，直到看不到表层土壤为止。将土壤与肥料均匀混合后浇水，使得肥料成分能够溶于土壤尽早发挥肥效。不同的土壤肥料和温度条件对叶片颜色的变化会有影响。温度低紫色深，温度高紫色浅。

水分　一般5～7天浇1次水。春季气温较低时，水量宜小，浇水间隔的日期长；生长盛期需水量多，要保持土壤湿润；浇水既要保证植株对水分的需要，又不能过量，湿度过大容易发生病虫害。

（5）病虫害防治　家庭种植紫油菜很少发生病虫害，一般调节好温湿度及光照，植株就可以长得很好。

（6）采收　当植株长到15～20厘米的时候，就可以用剪子在茎的根部剪断，进行收获。

紫叶甜菜

紫叶甜菜别名莙荙菜、牛皮菜，为藜科甜菜属的变种，原产欧洲地中海沿岸。其白梗、绿梗的普通品种已种植多年，还有最近两年从国外引进的紫叶甜菜品种（图4-35）。其食用部分纤维少，味道鲜美，经常食用有解热、健脾胃、增强体质的功效。同时因其外观艳丽多彩，色泽诱人，具有很好的观赏性，可在菜田周边及庭院路边种植美化环境。可播种后一次采收嫩株，也可多次剥叶采收，是一种很有发展前途的盆栽蔬菜。紫叶甜菜的小株幼苗可以当菠菜食用，大株叶片可以叶肉、叶柄分开食用，煮食、凉拌、炒食、作汤、作馅等。

（1）种植品种　紫叶甜菜的适应性很广泛，因此家庭种植可选择朝南、朝东或朝西的阳台，也可以在庭院直接露地种植。适合家庭种植的品种为北京市农林科学院蔬菜研究中心的紫叶甜菜。

（2）种植季节　紫叶甜菜为半耐寒性蔬菜，喜欢冷凉湿润的气候，耐寒力很强，耐热性也很强。北京地区春、夏、秋均可露地栽培。华北地区春播于3～4月播种，5～6月采收；夏播在5～6月播种，7～8月采收；秋播8～9月播种，12月上旬采收。

（3）育苗方法和技术　一般采用穴盘或营养块育苗的方式。育苗可节省大量种子，播种时将聚合果搓开，以免出苗不齐。紫叶甜菜的果皮厚，吸水较慢，果皮中还含有抑制种子发芽的物质，所以在播种前浸种24小时，然后放在15～20℃温度

下催芽，80%种子露白后播种。穴盘育苗的基质配方为草炭：蛭石＝2：1，每立方米添加15千克腐熟有机肥。播种前，将穴盘浇透水，营养块充分膨胀，点播并覆土1.5～2厘米。

（4）栽植　紫叶甜菜要获得优质产品，宜选择腐殖质丰富，疏松肥沃的沙壤土或壤土。以草炭、蛭石为基质，每立方米基质添加10千克有机肥。3叶1心或4叶1心时定植后花盆，定植应选择直径为20～30厘米的花盆，起苗时，尽量少伤根。定植时间以下午或傍晚为宜，避免气温过高或日灼萎蔫。注意定植不要过深，叶基部应在地面以上，带土坨定植，栽后及时浇水。每盆留1株健壮的苗。

（5）栽后管理　紫叶甜菜喜欢冷凉湿润的气候，定植后1周提高温度有利于缓苗，白天气温28～30℃，夜温不低于15℃。最适宜茎叶生长温度为18～25℃。生长期间需要充足的水分供应，但忌涝，基质保水能力差，宜见干见湿。定植后15～20天追肥1次，每花盆追施三元复合肥3克，施在根系周围，深度5厘米以上，并结合浇水。生长期间叶面喷肥，以喷在叶背面效果好。注意避开中午高温时间喷，以避免肥液蒸发过快而降低喷肥效果。每隔7～10天喷施1次。

（6）病虫害防治　紫叶甜菜的抗性很强，很少发生病虫害，一般不需要防治。一旦发生病毒病、蚜虫等，要注意预防和综合防治，病情较重时可喷施生物农药。

（7）采收　植株长至10片叶左右即可采收，每次摘除外部嫩叶2～3片，每5～10天采收1次，采收期可长达5个月。

图4-35　盆栽紫叶甜菜

紫 叶 生 菜

紫叶生菜为菊科莴苣属一年生或二年生草本植物，是叶用莴苣在长期栽培过程中出现的一个变种。在欧美国家作为大众蔬菜，深受人们喜爱。紫叶生菜也可作观叶花卉盆栽，置于阳台上，既可观赏又可食用。紫叶生菜极富营养价值，不但含蛋白质、糖类、纤维素、维生素C、烟酸、磷、钙，还含有花青素、胡萝卜素、莴苣素、维生素E等，有助消化、促进血液循环、利尿、镇静、安眠、防止肠内堆积废物、抗衰老、抗癌的功效。紫叶生菜吃法多样，除烹炒、煮汤外，可凉拌、蘸酱，也可作冬令火锅的原料。

（1）种植品种　紫叶生菜是半耐寒性的蔬菜，喜冷凉，忌高温，因此家庭种植可选择朝南、朝东或朝西的阳台进行（图4-35）。紫叶生菜品种较多，叶色可分为深紫、浅紫、叶缘紫色叶片绿色等，株型有宝塔型、半结球型、开展型等，叶缘有椭圆、锯齿深裂、波状等。家庭种植紫叶生菜可以选择紫色散叶品种，株型漂亮，叶簇半直立，叶片皱，叶缘呈紫红色，色泽美观，随收获期临近，红色逐渐加深。叶片长椭圆形，叶缘皱状，茎极短，不易抽薹的品种。适合家庭阳台种植的紫叶生菜品种有红帆、罗莎。

（2）种植季节　根据紫叶生菜各生育期对温度的要求，华北地区春秋均可栽培。夏季可进行遮阳栽培，选用耐热、高温不易抽薹的品种，在5～7月播种,6～8月上盆。

（3）育苗方法和技术　紫叶生菜种子小，拱土能力差，可采用育苗移栽的方式，为了保证种子较高的发芽率，家庭育苗时可采用塑料营养钵、育苗盘或花盆进行育苗。苗龄30天。在幼苗2～3片真叶时间苗1次，5～6片真叶时分苗、定植，定植时要尽量保护幼苗根系，可大大缩短缓苗期，提高成活率。间苗后随即浇水，分苗缓苗后适当控水，利于发根、壮苗。不同季节温度差异较大，一般4～9月育苗，苗龄25～30天，10月至第二年3月育苗，苗龄30～40天。定植株行距30厘米×25厘米，可根据栽种容器大小安排定植的苗数。

（4）栽植　当小苗具有5～6片真叶时即可上盆。选用直径20～30厘米的圆盆，散叶、早熟品种盆可小些，盆土用园土6份、有机肥2份、腐叶土2份配制而成，每盆1株，盆底可填些碎瓦片，尽量带上土球栽植，少伤根，深度与原入土深度相似为宜。

（5）栽后管理

浇水　缓苗水后要看土壤墒情和生长情况掌握浇水的次数。一般5～7天浇1次水。春季气温较低时，水量宜小，浇水间隔的日期长；生长盛期需水量多，要保持土壤湿润；叶球形成后，要控制浇水，防止水分不均造成裂球和烂心。浇水既要保证植株对水分的需要，又不能过量，湿度过大容易发生病虫害。

追肥　以底肥为主，底肥足时生长前期可不追肥，至开始结球初期，随水追一次氮素化肥促使叶片生长；15～20天追第二次肥，以氮磷钾复合肥较好；心叶开始向内卷曲时，再追施一次复合肥。

（6）病虫害防治　紫叶生菜病害主要有霜霉病、软腐病、顶烧病等；虫害主要

有蚜虫、潜叶蝇、白粉虱等。虫量少时可人工碾死，虫量较多时喷洒生物肥皂100倍液防治。紫叶生菜大都用于生吃，病虫害应以预防为主，加强田间管理等综合措施。

（7）采收　紫叶生菜采收期比较灵活，采收规格无严格要求，可以陆续剥取外叶，也可整棵拔除一次采收。成片种植一般整棵采收，春天定植后30 ~ 35天采收，夏秋露地定植后25天可采收，花盆种植多陆续剥取外叶，当长至12 ~ 15片叶时即可剥取2 ~ 3片外叶食用，心叶继续生长，直至抽薹。

图4-36　盆栽紫叶生菜

熏 衣 草

熏衣草为唇形科熏衣草属多年生半灌木植物，原产于地中海沿岸雨量少的地区，在罗马时代就已经是相当普遍的香草，当时的使用方式是加入洗澡水中使精神放松，或是作为衣物熏香防虫。如今熏衣草已在欧美国家广泛用于食用、医疗、香精油提取及观赏。熏衣草的鲜花可直接放在室内熏香，驱除苍蝇。其花香味持久，有助睡眠的作用，也可加入干燥香袋放在家中，增加自然气息。因此，熏衣草十分适合家庭栽培（图4-37）。

(1) 种植品种　熏衣草喜欢冷凉的气候，耐寒力较强，耐热性较差，家庭种植可以选择在冷凉地区庭院露地种植或者在朝南、朝东、朝西的阳台上种植。家庭阳台夏季种植需进行遮光。

熏衣草属有20多个种，但以从法国熏衣草和狭叶熏衣草中提取的精油品质最好。由于熏衣草栽培时间长，用途广，产生了很多栽培品种，但多数为狭叶种。平常所说的熏衣草，一般指的就是狭叶熏衣草。有些熏衣草的品种是作观赏用。狭叶熏衣草有很多品种，如罗登粉红、希德寇特、苻加特等。宽叶熏衣草花枝可驱除苍蝇，效果最显著。另外还有英国熏衣草、法国熏衣草等。可根据自己的需求选择不同的品种种植。

(2) 种植季节　华北地区家庭种植熏衣草一般以春、秋季为主，家庭阳台种植夏季采取遮阴措施，可以实现周年生产。

(3) 繁殖方法　熏衣草可以用种子、分株和扦插的方法进行繁殖。家庭种植一般播种量不大，可以采用穴盘精量播种的方法，也可采用分株繁殖或扦插繁殖。

种子繁殖多在引进新品种时采用。熏衣草春、夏、秋季播种均可，通常选在3 ～ 6月播种。播种前应先用清水浸种12小时，再用20 ～ 50 毫克/千克赤霉素浸种2小时。苗盘装土后浇透水，然后将处理好的种子均匀播在上面，并覆上一层厚度约为2毫米的细土。最后将苗盘盖上塑料薄膜保墒。出苗后注意喷水，当苗过密时可适当间苗，待苗高10厘米左右可移栽。

分株繁殖北方一般在春季萌芽前进行，挖下或切取已经长成墩的老株，分成单株即可定植。

扦插繁殖的方法是在发育健壮的良种植株上，选取未抽穗的节间短而粗壮的一年生半木质化枝条作插条，截取顶端8 ～ 10厘米作为插穗。不要用已出现花序的顶芽扦插。接穗的切口应靠近茎节处，力求平滑，勿使韧皮部破裂。将其底部2节的叶片去除，插于基质中深度5厘米左右，扦插株行距10厘米。扦插后浇水，并用塑料薄膜覆盖，保持湿润，插条2 ～ 3周生根。

(4) 栽后管理

浇水　熏衣草不喜欢根部常有水滞留。浇透水后，应待土壤干透后再给水，使土壤表面干燥，内部湿润，植株叶子轻微萎蔫为度。浇水宜在早上进行，避开阳光。水尽量不要溅在叶片和花上，否则易引起腐烂、滋生病虫害。需特别注意的是，在植株

定植至成活，及在植株生长过程中的现蕾、抽穗至初花期应及时浇水，不能受旱。

追肥　生长期10天施肥1次，有机肥及复合肥交替施用，高温停止施肥。春、秋两季是最适合熏衣草生长的季节，应给予全日照。

遮阳　熏衣草是全日照植物，在阳光充足的环境中生长较佳。半日照亦可生长，但会影响开花。但在夏季应遮去50%的阳光，并增加通风以降低环境温度。家庭庭院露地种植，北方冬季应有保温措施，入冬前应铺施一层腐熟有机肥，并进行培土保温，土壤封冻前浇冻水。

整形修剪　熏衣草幼苗期需摘心，以利基部多萌发新枝，促使多分枝多开花。植株花期后，应立即进行修剪。秋季时，还应剪除干枯枝、病虫枝，将植株修剪成半球形，剪口下要保留适量小枝。植株进入衰老期后，及时剪除下垂枝、密生枝，疏除衰老枝，短截营养枝，促发新生枝。修剪时注意不要剪到木质化的部分，以免植株衰弱死亡。

（5）病虫害防治　在高温和积水环境下，熏衣草易患根腐病，可用多菌灵、百菌清800倍液灌根或者喷施，每月1次，特别是6～10月。注意防止积水，保持空气干燥，有利于减轻病害的发生。熏衣草的虫害较少，偶尔出现少量白粉虱、蚜虫危害，可悬挂黄板防治。

（6）采收　熏衣草的精油含量以花朵最丰富，所以不论是提炼精油或是料理使用，均是收获花朵。收获时以剪刀直接剪取花序即可，直接应用或干燥后保存。

图4-37　盆栽熏衣草

迷 迭 香

迷迭香别名艾菊，有“海水之珠”“玛利亚的玫瑰”之称，为唇形科多年生常绿灌木。起源于地中海沿岸的西班牙和葡萄牙地区，东晋时引入我国种植。迷迭香具有浓郁的清香味，有安神和使人愉悦的功效；直接采几片叶子放入口中咀嚼，可消除口臭；烹调肉类或海鲜时，加几片干燥或新鲜的叶子，可去除腥味；它的芳香气味，还被认为有增强记忆的功效。现今，无论在料理、花茶、精油、化妆品、保健品方面，都有它的踪迹。据史料记载，在古埃及和古罗马时代，人们认为它代表一种生的希望和死的安详，对恶魔有驱逐作用，因此献给爱人可代表对爱人的关怀和忠贞不贰、至死不渝。

（1）种植品种　迷迭香为半耐寒性芳香植物，家庭种植可选择朝南、朝东或朝西的阳台，也可以在庭院露地种植，一般气温在-10℃以上可以正常越冬（图4-38）。

迷迭香株型分直立型和匍匐型。匍匐型迷迭香的植株可长至30～60厘米，茎为硬质，分枝呈扭曲状，可横向生长达100厘米。叶片较直立型迷迭香小，适合用于吊盆及地被。花开较多，一年可开花4～5次，于4～5月最多，从夏季到初冬。生长快，较不耐寒。直立型迷迭香的植株可长至1～2米，茎成熟后转木质化，叶片呈狭长针状，具革质，分细叶及阔叶种。开花较少，尤其细叶的几乎不开花，适合作盆栽及户外围篱，也常用来烹调食用。特点是利用地面空间相对较少，采收方便，几年内就可形成一道绿墙，观赏效果佳。经济栽培多以此种为主。常见种类包括阔叶迷迭香、狭叶迷迭香、针叶迷迭香、松香迷迭香、粉红迷迭香、金雨迷迭香、塞汶海迷迭香等。

（2）种植季节　华北地区家庭种植一般在5～8月进行。在适合的生长条件下，从播种到移栽约需要1个月，从种植到收获大约4个月。

（3）繁殖方法　迷迭香有多种繁殖方式，可种子繁殖、扦插繁殖或压条繁殖。但不管哪种方式，迷迭香都是不易繁殖的种类。种子发芽困难，出芽率低。扦插生根慢，不易成活。

种子繁殖　一般于早春进行育苗，家庭种植可用穴盘育苗。将草炭、蛭石按3：1的比例混匀，即可播种，上覆一薄层蛭石，浇一次透水。种子靠苗床底水发育，但要一直保持土壤表层湿润。待芽顶出土，再浇水，以小水勤灌为原则。种子发芽适温为15～20℃，2～3周发芽。待迷迭香出苗后，要时常移动穴盘，以免根沿着穴盘下方的孔扎入地下，定植时伤根。当苗长到10厘米左右，大约70天，即可定植。迷迭香发芽率很低，仅10%～20%，而且第一年生长极为缓慢，即使到了秋季，植株大小比刚定植时的植株大不了很多，形成大批产量要在2～3年以后，速度太慢，所以生产上一般采用无性繁殖方式。但由种子开始栽培的，气味较芬芳，故采用何种繁殖方式，要视需要而定。

扦插繁殖　多在冬季至早春进行，选取新鲜健康尚未完全木质化的茎作为插穗，从顶端算起10～15厘米处剪下，去除枝条下方约1/3的叶子，直接插在基质中，基

质保持湿润，3 ～ 4周即会生根，7周后可定植。扦插最低夜温为13℃。

（4）栽植　家庭栽培迷迭香可选用容量为12 ～ 13升的圆形浅盆，基质宜选用酸性沙壤土及有机肥，在花盆中按照20厘米的间距移植幼苗。剪下植株顶部3厘米左右后将其移植到花盆中，长出的腋芽可以生长成十分茂密的植株。

（5）栽后管理　定植后要及时浇水。为刺激分枝，增加产量，要适当进行摘心。迷迭香并不是很耗肥的植物，每3个月施一次复合肥即可。

（6）病虫害防治　迷迭香的病虫害较少，最常见病害为茎腐病，在高温高湿情况下极易发生，灰霉病也偶见发生。生产中地下害虫蛴螬会咬断幼苗。常见虫害还有蚜虫、白粉虱、小象甲等。一般不需防治，如果发生较重，可喷洒生物农药进行防治。

（7）采收　迷迭香采收时间间距视生长季节而定，旺季密收，淡季稀收。一般当主茎高20 ～ 30厘米时，即可采收嫩尖食用。家庭阳台种植可以做到周年供应。

图4-38　盆栽迷迭香

皱 叶 薄 荷

皱叶薄荷是一种唇形科多年生植物，茎叶具有薄荷香味，因叶片表面呈现皱纹状态而得名。原产于地中海沿岸，在欧洲、中亚、北美、亚洲均可找到，主要产地在法国。皱叶薄荷株高30厘米左右，植株低矮细腻，耐阴性好，生长快，四季常绿，虽然相貌平平，但是它对室内装饰材料产生的有毒有害气体具有一定的吸附作用，仅此又叫吸毒草。家庭养护皱叶薄荷不仅能给室内环境增添生机和绿意，还能为健康生活起到一定的保护作用，因而深受市民青睐。皱叶薄荷作为菜用，可以软炸、凉拌、作汤、调味、配菜等。作汤时须在汤出锅时放入薄荷，虽为热汤，但有清凉感觉，味道诱人。

(1) 种植品种　家庭种植可以选择朝南、朝东或朝西的阳台，也可以在庭院露地种植（图4-39）。皱叶薄荷是多年生宿根草本植物，耐寒、耐阴、耐干旱、耐修剪，冬季能耐0℃的低温，夏季30℃以上的高温生长受限，最适宜的生长温度在10 ～ 20℃ 。

(2) 种植季节　北方地区家庭种植皱叶薄荷播种一般在5 ～ 8月，6 ～ 9月移栽，全年都可以收获。在适合生长的温度下，从播种到适合移植大约需要1个月，从种植到收获大约4个月。皱叶薄荷地下茎部分抗寒性很强，在北方地区可以自然越冬，而地上部具有一定耐热性，北方夏季可正常生长。

(3) 繁殖方法　皱叶薄荷可以播种和扦插繁殖。种子繁殖操作起来比较复杂，温湿度不易控制，种子发芽率低，成本也高。扦插繁殖比较简单易行。

扦插繁殖可于8 ～ 9月从母株掐取薄荷尖5 ～ 10厘米，枝条上的叶片除叶芽外，应保留4片以上的叶片，以利于光合作用吸收足够的养分。枝条剪好后，将根部放在盛有生根粉的盆中浸泡10分钟，取出后就可以扦插了。扦插最好使用128孔穴盘。扦插时，注意不要伤到扦插条的根部，可以用一根小木棍在土里插出一个2 ～ 3厘米的小圆孔，再将枝条插入小圆孔，然后用手捏紧压实。扦插后要及时浇水，保持土壤湿润，以后根据天气情况适当浇水。皱叶薄荷很易生不定根，条件适合插后5 ～ 7天即可生不定根。如果天气干热，要注意遮阳，以防扦插苗干死。

(4) 栽植　家庭种植皱叶薄荷可以选择容量7 ～ 8升的圆形花盆，当植株长到7 ～ 8厘米时可以随时移植。在花盆中按照20厘米的间距移植幼苗。剪下植株顶部3厘米后将其移栽到花盆中，长出的腋芽可以生长成十分茂盛的植株。

(5) 栽后管理

浇水　每隔3 ～ 5天用清水或淘米水浇灌即可。如果由于缺水枝叶蔫了马上补充水分，很快就会恢复。

追肥　施肥可用有机肥或氮、磷、钾，每1 ～ 2个月施用1次。

修剪　皱叶薄荷生长很快，建议每周修剪1次，在较高的枝节上有长新叶的上方剪掉就可以了。如出现黑边叶子或根部老的叶子也不要着急，揪掉就好。冬天生长慢，尽量少修剪，修剪后要放到阳光充足的地方。

通风　如果房间采光很好，可将皱叶薄荷放置在有阳光照射的地方，室内正常通风即可。

（6）病虫害防治　皱叶薄荷抗逆性强，病虫害很少发生。整个生长期不用施农药。

（7）采收　皱叶薄荷作为菜用，一般收其嫩茎尖，长约10厘米。收获下来的皱叶薄荷要想做成干香草，就需要放在阴凉通风的地方使其干燥。

图4-39　盆栽薄荷

百　里　香

百里香为唇形科百里香属多年生亚灌木，原产于地中海西部（图4-40、图4-41）。其植株含芳香油，采几片叶子在手中轻轻揉搓，就可闻到淡淡的香气，温和可人。百里香叶片作为调味品可使食物香气四溢，因此在欧美国家被广泛使用。潮湿的百里香还具缓解咳嗽、开胃功效，目前在我国城市的西餐厅中也广泛使用。

（1）种植品种　百里香喜凉爽气候，耐寒，在我国北方冬季稍加覆土就能够露地越冬，因此比较适合家庭庭院露地或者朝南、朝东、朝西的阳台种植。百里香有很多近缘类型，但根据其叶片宽窄的不同，常将其分为三种不同的类型：英国类型，叶片宽窄不一；法国类型，叶片狭窄；德国类型，叶片较宽。常见的品种有香柠檬百里香、宽叶百里香、浓香百里香等。

（2）种植季节　百里香用种子繁殖时，在温暖地区3月至8月末均可播种，7月开始采收。在我国北方地区，一般2月中旬室内育苗，4月中下旬定植，6月底陆续采收。或于3月底至4月初直播于露地。分株繁殖的，于3月底至4月初植株尚未发芽时进行。扦插繁殖的，在室内可根据需要随时进行。

（3）繁殖方法

种子繁殖　通常春季3～4月播种育苗。育苗采用穴盘，基质为3：1的草炭、蛭石混合物。基质浇透水，待水渗下去后即可播种。因其种子小，不易播匀，可掺些细土混匀后撒播，播后不覆土。穴盘上最好用塑料薄膜支起小拱棚，如果育苗期温度低，既可保温，又可保证湿度。如果白天温度过高，可考虑早上掀膜，傍晚再盖上。种子发芽适温为20℃左右，1～2周出苗。育苗期要保持盘面潮湿，以小水勤浇为原则。百里香种子发芽率较低，一般只有50%左右。

扦插繁殖　生产上用得较为普遍。要从老的植株上剪取8厘米长新鲜、健壮的嫩枝作为插穗，因嫩枝发根较快。但不要用有花的枝条扦插。扦插夜温不低于10℃，50天左右可以定植。

（4）栽植　播种后，当植株长到7～8厘米时可随时移植，选择容量为7～8升的圆形小盆，在花盆中按照20厘米的间距移栽幼苗。

（5）栽后管理

温度　百里香适合生长的温度是20～25℃，植株在夏季时表现比较虚弱，适宜在冷凉的地区栽培，或是放在阴凉的地方越夏。进入秋季转凉之后，再放在日照充足的地方，才能正常生长发育。

浇水　百里香对栽培基质的水分要求较严，浇水时间应掌握基质稍干后再浇的原则。切忌基质一直保持潮湿的状态，否则植株长势差，根部无法强壮伸展。

追肥　植株长大后，剪取枝条即可利用。待新芽开始生长时，酌情每7～10天浇1次氮肥，植株在夏季时应停止施肥，否则易导致根系腐烂死亡。

适时修剪　百里香的修剪工作非常重要。若修剪过晚，枝条成熟后开花，结种子后很容易致死；若修剪过早，枝条还未完全成熟，利用率低。因此，适期修剪不

仅能促使长出的枝条长度一致，便于采收，而且还能提高枝条的采收数量和质量。但要注意，不要为顾及收获量而从基部剪断，至少应在保留4 ～ 5片叶的地方剪取，因为枝条基部老化，再生能力差，很容易全株死亡。

（6）病虫害防治　百里香抗逆性强，病虫害很少发生。整个生长期不用施农药。

（7）采收　作菜用的百里香，当主茎高40厘米时，即可采收嫩茎叶。作为提炼芳香油栽培的百里香，采收前一定不要浇水，否则香味将失去很多。收获的枝条用干净的冷水刷洗一遍，甩掉多余水分，就可利用。若要长期保存，以切口向下的方式放入塑料袋中，不要密封，放入冰箱冷藏。

图4-40　百里香扦插苗

图4-41　盆栽百里香

罗勒（兰香）

罗勒别名九层塔、兰香等，为药食两用芳香植物（图4-42、图4-43）。味似茴香，全株小巧，叶色翠绿，生长茂盛，芳香四溢，摆在家里阳光照射之处很是养眼。罗勒在中国的栽培历史悠久，据传在北魏时期其栽培、加工技术即已十分成熟。《齐民要术》《农桑辑要》等农学典籍中的“兰香”即为罗勒，而《千金要方》《嘉祐本草》《正本全书》《本草纲目》等典籍，则坚持以“罗勒”为正名。

罗勒的叶片及花朵经蒸馏后可以提取出透明无色的精油，香味很像丁香、松针的综合体。目前市面上可以见到的罗勒品种有甜罗勒、紫罗勒、绿罗勒、柠檬罗勒等。不同品种的罗勒因其独特香气又有不同的名称。

在古希腊、古罗马时代，罗勒被奉为尊贵的“香草之王”，一些中南美洲国家亦把罗勒当成保平安的吉祥物，印度人则认为罗勒是献给神明的珍贵祭品。罗勒在西餐中也被称作调味品之王，作为香味蔬菜使用。罗勒新鲜的叶片和干叶用来调味，嫩茎叶可以用来作凉菜，也可炒食、作汤。罗勒精油常被用于制作软饮料、冰激凌和糖果，其干叶或粉可用于烘烤食品及肉类制品的加香调味。另外，罗勒精油对女性有很好的呵护作用，可以刺激雌性激素分泌，改善月经不调，还可治疗偏头痛，滋养皮肤，缓解精神疲劳。

（1）种植品种　罗勒为喜温类蔬菜，喜欢温暖湿润的气候，耐热不耐寒，北方夏季能正常生长，下霜后死亡。家庭种植可以选择朝南、朝东或朝西的阳台。家庭种植可选择的罗勒品种有甜罗勒、柠檬罗勒，还有茎叶呈紫色的黑宝石罗勒等。

（2）种植季节　北方春、夏、秋季可在露地栽培生长。一般春季栽培，夏季收获，秋季还可以收获种子。家庭阳台种植可以周年供应。一般华北地区春夏季栽培5～7月播种，6～8月移植，7～10月收获，在适合生长的温度下，从播种到移植大约需要2周，从种植到收获约需2个月。

（3）育苗方法和技术　罗勒北方露地栽培可以直播，也可以育苗。选择新鲜饱满的种子，除去杂质和瘪粒，晴天晾晒2～3天，促进种子后熟，提高发芽率。罗勒种子播种前催芽，采用温汤浸种，可有效打破种子休眠，促进发芽、灭菌防病。罗勒种子浸种后，表面通常出现一层黏液，需用清水反复漂洗，并且用力搓洗去除黏液，可以促进发芽快而整齐。浸种后将种子用湿毛巾盖好，放在25℃左右环境下催芽。在催芽过程中，每天用清水漂洗1次，控净，去除种子萌发过程中产生的有毒气体，保持温度均衡，保证出芽整齐。催芽前期温度可略高，以促进出芽，70%～80%露白后温度要降至3～5℃炼芽，使芽粗壮整齐。遇低温等特殊天气，可将种芽移到5～10℃处，控制种芽生长，待播。播种可用育苗盘进行点播。

（4）栽植　当植株长出4片叶，从育苗盘下面可以看到白色的根时，最适合移栽。移栽可选用容量15升的圆形深花盆。罗勒的分枝性强，每盆种1株。定植后浇透水。

（5）栽后管理　罗勒栽培非常简单，日常管理注意结合天气、植株生长和土壤

情况进行。整个生育期结合中耕除草，浇水施肥2～3次。第一次在定苗后10～20天，第二次在6月上中旬，苗高25厘米左右时追施氮肥1次，7月上中旬视罗勒长势情况施肥。罗勒幼苗期怕干旱，注意及时少量多次浇水。在7～8月高温季节，要注意遮阳。

（6）病虫害防治　罗勒属于芳香植物，含有特殊气味，对一些害虫本身就有驱避作用，病害防治以预防为主，注意加强管理。在合适环境或季节栽培罗勒，植株强壮，可抵御病害侵袭。罗勒食用时都是生食或短暂加热，不建议使用化学药剂防治病虫害。

（7）采收　罗勒一般选择未抽花序的枝条掐嫩尖收获，长度5～10厘米，育苗移栽的应等到植株丰满后进行收获。直播的如果苗密，可提早间苗采收。应及时掐掉花穗，促进侧枝生长，以达到满意的收获。罗勒不耐储藏，收获后伤口易变褐，所以要格外小心。有的叶片较嫩，蜡质较少，更不耐藏。罗勒放在5～8℃条件下，贮藏期7～15天。

图4-42　罗勒扦插苗

图4-43　盆栽罗勒

紫　苏

紫苏原产于中国，以嫩叶为食，俗称“苏子叶”。它包括皱叶紫苏和尖叶紫苏两个变种，作为蔬菜食用的是皱叶紫苏。紫苏还有许多色彩各异的品种。叶全绿的为白苏，叶全紫的或叶青背紫的才称为紫苏 。紫苏是日本料理中的代表性时蔬之一，日本紫苏的叶片两面均为绿色，即“青紫苏”；韩国的紫苏叶片则比日本青紫苏大、圆、平坦，而且锯齿较细密，韩国人喜用紫苏制作泡菜或搭配烤肉食用；越南人则习惯在炖菜中加入紫苏叶，或将紫苏叶摆放在米粉上作为装饰，他们使用的紫苏品种一面叶紫中带绿，与日本紫苏品种相比香气更浓。

中医认为紫苏气味辛温、通心经、益脾胃，有散热和解暑功效。宋代仁宗时，曾把“紫苏汤”定为翰林院夏季清凉饮料。现代生活中紫苏的用途在不断扩大，除少量用于食物外，主要被用于紫苏醛、紫苏醇等芳香物质的提取。

（1）种植品种　紫苏是一种耐高温高湿蔬菜，北方夏季炎热时生长良好，温度低时生长慢，因此家庭朝南、朝东、朝西的阳台及庭院都可以种植（图4-44、图4-45）。皱叶紫苏又称回回苏、鸡冠紫苏，有紫色和绿色之分，在我国南方较多，其种子较少、褐色。尖叶紫苏又称野生紫苏，北方常在房前、篱边种植，其种子较大、灰色，也有绿色、紫色、正面绿背面紫之分。

图4-44　盆栽紫苏

（2）种植季节　北方地区多露地栽培，一般4～5月播种，6～10月收获，也可育苗移栽。上一年自行散落地上的种子，4月间可自行出苗生长。冬季栽培较为困难，最好有加温和补光措施。

（3）育苗方法和技术　家庭种植紫苏采用直播的方法，选择30厘米以上的圆盆，盆土用园土5份、腐熟有机肥3份、腐叶土2份配制而成，在花盆中按照5毫米的间距进行播种。播种后覆盖细土以不见种子为度，然后喷水，上盖薄膜，7～10天即可出苗。出苗后及时揭膜。

（4）栽后管理　紫苏依据采收方式不同可分为芽紫苏、穗紫苏和叶紫苏。芽紫苏如同芽菜栽培，植株3～4片叶时即可收获。通常在室内栽培，

栽培要点是播种要密、地温要高，20天就可生产一茬。穗紫苏冬季栽培时，可用芽紫苏的育苗方式育苗，然后每3～4株一丛，丛距10～12厘米定植，在冬季短日的情况下，保持20℃，一般6～7片叶时抽穗，穗长6～8厘米时及时采收。以采收叶为目的的叶紫苏，冬季栽培时，可在3～4片真叶时进行夜间补光。将光照时间延长至14小时，可抑制花芽分化，增加叶数。

摘叶打杈　紫苏定植20天后，对已长成5茎节的植株，应将茎部4茎节以下的叶片和枝杈全部摘除，促进植株健壮生长。摘除初茬叶1周后，当第5茎节的叶片横径宽10厘米以上时即可开始采摘叶片，每次采摘2对叶片。并将上部茎节上发生的腋芽从茎部抹去。6月中旬至8月上旬是采叶高峰期，可每隔3～4天采收1次。9月初，植株开始生长花序，此时对留叶不留种的可保留3对叶片摘心和打杈，使其达到成品叶标准。全年每株紫苏可摘叶36～44片。

施肥浇水　为加速叶片生长，提高叶片质量，每月需根外追肥1次。生长期间如遇高温干旱，早晚要浇水。

（5）病虫害防治　紫苏在适宜的季节栽培非常容易，抗性强，病虫害很少发生。整个生长期都不用施农药，是天然的绿色食品。

（6）采收　紫苏根据不同的目的共有4种收获方法。长出3～4片真叶时，可以收获紫苏芽。叶片长大以后可以收获紫苏叶，当植株长到30厘米左右，真叶变大，就可以正式收获了。适合收获的叶片大小为8～10厘米。超过15厘米的叶片就不要收获了，留下它进行光合作用。长出花穗以后可以收获紫苏穗。开花结果后还可以收获紫苏籽。

图4-45　紫苏

马　祖　林

马祖林又译作茉乔栾那，为唇形科牛至属草本植物。在牛至属中有两个不同种的马祖林：一种为马约兰花或称打结马约兰，一般作一年生栽培，原产于地中海地区和土耳其；另一种为欧尼花薄荷，又称法兰西马约兰，原产于地中海地区。本书介绍的马祖林主要为马约兰花。马约兰花可利用部分为茎和叶，全株类似牛至，希腊人、罗马人、阿拉伯人以及法国南部都习惯用它作为帮助消化的调味品，尤其在英国为非常普遍的烹调香草。用来泡茶，能助消化、平气胀、安神调经，治疗感冒和头痛。叶片可置于香袋、甜水中。还曾作为地板的芳香抛光剂使用。马约兰花的叶片比牛至更甜更香，用于沙拉、酱汁、肉、乳酪和利口酒中，味更醇厚；还可用于制作比萨饼、家禽的填塞物和香肠。

(1) 种植品种　马约兰花为多年生耐寒性芳香植物，因此家庭种植可选择庭院或朝南、朝东、朝西的阳台（图4-46）。马约兰花株高60厘米左右，茎四棱，多分枝，茎上易生根，小叶对生，但比牛至稍大，灰绿色，椭圆形，芳香被毛。花白色至淡紫色，多朵簇生于茎顶部，呈伞房状圆锥花序。种子很小，黑褐色，千粒重0.25克，发芽力可达3年以上。

(2) 种植季节　家庭阳台种植马约兰花2月中旬至10月中旬均可播种，4月起开始收获。

(3) 繁殖方法　马约兰花可种子繁殖、根插繁殖或根茎分割繁殖。种子繁殖的，可于2月中旬室内育苗或于3月底至4月初直接条播于露地。马祖林种子喜光，不覆土或仅覆一薄层蛭石，1周左右出芽，发芽率较低，一般只有50%左右。育苗的，当苗高15厘米，40天左右时即可定植，5月下旬可采收嫩茎叶，7月初开花，7月底种子成熟。冬季培土护根或适当覆盖，或将根移入保护地。扦插繁殖的，一年四季均可进行，但扦插时夜温不能低于13℃。扦插繁殖比较不易发生茎腐病。扦插35天后即可定植。

(4) 栽后管理　马约兰花喜光，但在夏季高温时应适当遮阴。当植株现花时，及时去花，以免生殖生长同营养生长竞争养分。而且，二次生长的产量为主产量。为了获得更高的茎叶产量，在植株初现花时，需要将植株剪到10厘米左右，以刺激地上部分植株的营养生长。马约兰花较耐干旱，忌涝，喜欢排水良好的土壤，对环境适应能力很强。

(5) 采收　以采收嫩茎叶为目的的马约兰花，当株高20厘米后可随时采收；如为提炼芳香油的，一般一个季节采收2次。采收前不要浇水，而且需选择晴朗干燥的天气进行，摊开晒干。大多数芳香植物鲜叶比干燥后的香味浓或干燥后香味近失，但马约兰花干燥之后仍能保持香味。

图4-46　马祖林

芽　苗　菜

芽苗菜是近年来兴起的一类新型蔬菜，它是直接利用各种谷类、豆类、树木的种子进行无土栽培培育出的可以食用的“芽菜”。其生产周期短，很少发生病虫害，整个生长过程不使用化肥、农药，产品清洁无污染，是典型的绿色食品。芽苗菜口感柔嫩、风味独特、营养丰富，富含多种氨基酸、矿物质和维生素，并且富含膳食纤维，对人体有通肠胃、防便秘等保健作用，深受人们的青睐。

利用家庭阳台种植芽苗菜，不仅可以使人们享受到新鲜、绿色的放心蔬菜，体验到蔬菜种植、管理的乐趣，还可美化家居环境、净化室内空气，也使“家庭阳台经济”得以实现和发展（图4-47）。

（1）种植品种　家庭种植芽苗菜应选择阳光好、通风好的房间作为栽培场所。冬季生产室内应能保持20℃室温。

应选择种子纯度高、净度好、发芽率高、籽粒大而饱满、无污染的种植品种。香椿苗、豌豆苗、蚕豆苗、萝卜苗、荞麦苗等芽苗菜是家庭阳台菜园的首选。

（2）生产工具　包括栽培架(可摆放多层苗盘进行立体栽培)、塑料苗盘、喷壶、易吸水的包装纸、面巾纸，以及纱布和珍珠岩等。

栽培盘　用于播种、栽培芽苗菜。多采用市售的塑料蔬菜育苗盘，规格为60厘米×25厘米×50厘米。

栽培架　用于放置栽培盘。为操作方便，一般设置栽培架高1.6 ~ 1.7米、长1.5米、宽0.6米，底层距地面0.1厘米，每层间距0.4 ~ 0.5米。每架共4 ~ 5层，每层放置6个栽培盘。多采用木制或角钢制，并要求整体结构牢固、不变形。

栽培基质　用于保持芽苗菜水分供应。多选用清洁无毒、吸水性强的材料，如面巾纸、白棉布、无纺布等，一般多选用面巾纸作为栽培基质。

淋水器械　用于芽苗菜喷水。可选购植保用喷雾器或小喷壶。

（3）种子处理　种子的质量与芽苗菜生长的整齐度、商品率以及产量密切相关，因此必须采用优质种子，在播种前还要进行种子清选，剔除虫蛀、破残、畸形、腐霉、瘪粒、特小粒和已发过芽的种子。生产花生芽苗菜的种子必须是带壳的，因为花生种子在剥壳2个月之后就会部分丧失发芽能力。为了促进种子发芽，经过清选的种子还需进行浸种。一般先用20 ~ 30℃洁净清水淘洗种子2 ~ 3遍，然后浸泡种子。荞麦浸种需36小时，豌豆、香椿为24小时，萝卜为6 ~ 8小时。浸种结束后再淘洗种子2 ~ 3遍，然后捞出种子，沥去多余水分，等待播种。

（4）播种　播种在塑料苗盘中进行，播前先将苗盘洗刷干净，有条件的可用石灰水或漂白粉进行消毒，再用清水冲净，然后在盘底铺一层面巾纸，即可播种所需要的芽苗菜。注意生产花生芽育苗盘内不用铺纸张。播种量以干种子重量计，豌豆为500克左右、萝卜75克、荞麦150克、香椿50 ~ 100克、蕹菜50 ~ 100克、花生250克。播种时要求撒种均匀，以使芽苗生长整齐，待60%种子露芽时再播种。香椿芽苗与其他芽苗播种不同，需要以下两个条件：苗盘铺纸张后要再铺一层1.5厘米厚

的珍珠岩，珍珠岩要提前加清水，搅拌后挤去多余水分；种子必须提前进行常规催芽，催芽温度为20～22℃，催芽时间4～5天。

(5) 叠盘催芽　播种完毕后，将苗盘叠摞在一起，放在平整的地面进行叠盘催芽。注意苗盘叠摞和摆放高度不得超过100厘米，每摞之间要间隔2～3厘米，以免过分郁闭、通气不良造成出苗不齐。此外，为保持适宜的空气湿度，摞盘上面需覆盖湿双层纱布。催芽应在湿度条件比较稳定的地方，同时要避光，催芽期间室内温度应保持在20～25℃（香椿需保持在20～22℃）。叠盘催芽期间每天应喷1次水，水量不要过大，以免发生烂芽（香椿不需喷水，因为珍珠岩所保持的水分已完全能满足需要）。此外在喷水的同时应进行1次倒盘，调换苗盘上下前后的位置，使各苗盘的栽培环境尽量均匀一致，促进芽苗整齐生长。正常条件下4天左右即可出盘，结束叠盘催芽，将苗盘散放在栽培架上进行绿化。出盘时，豌豆芽苗高约1厘米，萝卜种皮脱落，荞麦苗高1～3厘米，香椿苗高0.5～1厘米，子叶和真叶均未展开。

(6) 出盘后的管理

光照管理　为使芽苗菜从叠盘催芽的黑暗、高湿环境安全地过渡到栽培环境，在苗盘出盘移到阳台或者阴面飘窗时，应放置在空气相对湿度较稳定的弱光区域过渡1天，避免发生芽干等危害。为生产绿化型产品，在芽苗上菜桌前2～3天，苗盘应放置在光照稍强的区域，以使芽苗更好地绿化。进入6～8月以后，为避免过强的光照，用阳台上的散射光即可，不可在烈日下暴晒。生产花生芽的整个过程要严格控制光照，防止芽苗绿化，以免影响产品口感。

温度与通风管理　芽苗菜出盘后所需要温度环境虽没有叠盘催芽期间要求严格，但应根据不同种类、不同生长期分别进行管理。一般来说，如果同时播种几种芽苗菜，室内温度应掌握在夜间不低于16℃、白天不高于25℃。在上述温度范围内，豌豆苗、香椿苗较喜欢低温，而萝卜苗、荞麦苗则较喜欢高温，具体管理时要适当控制。此外，芽苗菜生长前期要求温度范围较为严格，中后期则可放宽一些。

环境温度的调整　通风是最重要的调节措施之一，但通风还有另外的重要作用，一般生产场地需经常保持空气清新，并交替降低空气相对湿度，以利于减少种芽的霉烂和避免空气中二氧化碳的严重缺失，因此在室内温度能得到保证的情况下，每天应至少通风换气1～2次，即使在室内温度较低时，也要进行短时间的通风。

水分管理　由于种植芽苗菜采用了不同于一般无土栽培的苗盘纸床栽培，加之芽苗本身鲜嫩多汁，因此必须进行频繁的补水，一般多采取小水勤浇，冬天每天喷淋3次水，夏天每天喷淋4次水。浇水要均匀，先浇上层然后依次浇下层。浇水量以掌握喷淋后苗盘内基质湿润、苗盘纸不大量滴水为度。此外还应注意生长前期水量宜小，生长中后期稍大；阴雨、低温天气水量宜小，晴朗高温天气宜稍大；室内空气相对湿度较大、蒸发量较小时水量宜小，相反则可稍大。

(7) 收获　在正常的栽培管理条件下，一般豌豆苗播种后8～9天即可收获，收获时苗高约15厘米，顶部小叶已展开，食用时切割梢部7～9厘米，每盘可产350～500克。萝卜苗播种后经5～7天即可收获，收获时苗高6～10厘米，子叶展开、充分肥大，食用时齐根切割，每盘可产500～600克。荞麦苗播种后9～10天即可收获，收获时苗高10 ～ 12厘米，子叶平展、充分肥大，食用时齐根切割，每盘可产400 ～ 500克。香椿浸种后，从催芽开始经18天左右即可收获，收获时苗高7 ～ 10厘米，子叶平展、充分肥大，小叶未长出，食用时可齐根切割或带根拔出，每盘可产400 ～ 500克。蕹菜在芽苗高10 ～ 12厘米、子叶展开、真叶未露时采收。花生芽则是当苗长5 ～ 6厘米，种皮未脱落，子叶未打开时收获。

10月以后北京进入秋冬季，室内空气湿度下降，是种植芽苗菜的好季节。芽苗菜在种植过程中靠种子的自养可以供应生长需要，只需要往苗上喷清水就可以生长，不需要添加任何肥料和农药，同时在室内的芽苗菜上喷清水还可以调节空气湿度。

图4–47　芽苗菜种植过程

韭　菜

韭菜为百合科葱属中以嫩叶和柔嫩化茎为主要产品的多年生植物。中国的韭菜栽培已有3000多年的历史。韭菜除鲜嫩可口、气味辛香外，更是一种养生、健康的蔬菜。每100克韭菜含膳食纤维3.3克，属于高膳食纤维蔬菜，因此又被称为“洗肠草”。

韭菜还有一个非常响亮的名字“起阳草”，韭根及韭叶不仅有壮阳固精、滋补肝肾的功效，还可散瘀活血。据说清代乾隆皇帝便把吃韭菜当作生活中不可缺少的乐事，并将“韭黄肉饺”列入宫廷御膳食谱。俗话数，无韭不过年。韭菜常用来作馅，配肉丁或鸡蛋，也可作为调味的香料，又可炒、凉拌等，清香可口。

近年来，随着城市农业的发展，种植容易、味道鲜美的韭菜走进了千家万户，栽培方式也多种多样，其中蔬菜无土栽培技术的广泛应用——水培方式栽培、基质栽培方式更适合家庭种植，不仅可生产出不受污染、安全、质优的产品，而且其生长速度快、产量高、粗纤维含量较低，极其适合家庭种植和工厂化生产（图4-48）。

水培韭菜

（1）种植品种　韭菜的抗寒力很强，对光照的要求不严格，一年四季只要温度在10 ～ 26℃都能够种植。家庭种植水培韭菜，可以选择朝东、朝西、朝南的阳台进行，也可以在庭院种植。经试验证明，适合家庭种植的水培韭菜品种有791宽叶雪韭、多抗富韭11等。

（2）育苗　家庭种植水培韭菜，育苗可用育苗平盘，基质按草炭土：蛭石：珍珠岩=2：2：1比例配制。韭菜种子先进行浸泡催芽，后用55℃温水浸种，自然冷凉后浸泡12小时。播种时先将基质铺平打湿后，将种子均匀撒在育苗盘上，然后覆盖2厘米厚的蛭石，上面覆盖一层薄膜，7 ～ 10天出齐苗，出苗后及时揭去薄膜。

（3）苗期管理　韭菜出苗后会在苗盘上生长3 ～ 5个月，因此需在韭菜苗期添加营养液，以提供充足养分；可使用1/2浓度的叶菜水培专用营养液进行浇水。冬季育苗要注意保温，夏季育苗应放风降温。

（4）水培生根　韭菜苗在苗盘上生长3 ～ 5个月后，要进行水培生根。连根起韭菜苗，用剪刀剪去上部的叶片和底部的须根。用水洗净韭菜根部基质，顺着定植孔插入定植杯中，使用水草或海绵固定韭菜，以防韭菜整株滑落到营养液中。每个定植杯中定植韭菜苗3 ～ 5株。分苗定植板可使用泡沫板或挤塑板，分苗株行距为5厘米×5厘米。分苗时采用1/4 ～ 1/2剂量的叶菜类标准配方营养液，韭菜根部要浸入营养液中，5 ～ 7天即可长出新根（图4-49）。

（5）水培定植　韭菜在水培育苗盘里生长20 ～ 25天后即可定植。定植时采用叶菜类标准配方营养液。配好营养液后把营养液的pH调到6.5 ～ 7。栽培床可使用泡沫板制成，宽60厘米，高17厘米，底部铺一层塑料薄膜以防漏水，定植间距为8厘米×10厘米。水培韭菜基本上无病虫害，生产出的韭菜绿色新鲜。

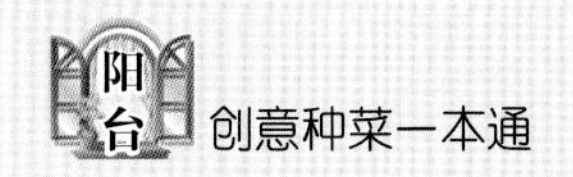

盆栽韭菜

盆栽韭菜既能观赏又可食用，成为艺术与美食的融合（图4-50）。盆栽韭菜绿色环保，生长快，易管理，且不受地域、季节影响，成为盆栽蔬菜的首选。

（1）韭根的选择　盆栽韭菜采取韭根移栽的方法，选取一年生韭根，春季播种到露地，正常的露地管理模式，经历春、夏、秋的整个生长季，韭叶落黄，确保营养回流到根部，根部营养充足，盆栽韭菜长势旺盛。品种可选南宫黄韭、791宽叶雪韭等。

（2）盆栽土壤的配制　盆栽土壤采取草炭土：蛭石：有机肥（海藻肥、蚯蚓肥等）=6：1：1即可。

（3）上盆　家庭一般选择40厘米×30厘米的花盆即可。韭根出土后，剪掉上部的枯黄韭叶，密植到花盆内，上盆时间一般在11月中旬至月底。

（4）栽培管理　韭根上盆后，第一次要浇大水，托盘内见到一定量的水（托盘内水要及时倒掉，以防变质，影响根部生长），以后3～5天用小喷壶喷水一次。温度在20℃左右即可，温度过低生长缓慢影响产量，一般15～20天即可收获第一茬，也可以根据长势或自己需要随时收割，收割1～2天后再进行浇水。避光或者弱光下生长，即可成为韭黄（图4-51）。收割3茬后，及时补充养分，可以浇蚯蚓肥或者海藻肥。

图4-48　水培韭菜工厂化生产

图4-49　水培韭菜根系与叶片

图4-50　盆栽韭菜

图4-51　盆栽韭黄

水 培 生 菜

水培是无土栽培中应用最早的技术。目前的各种水培方法都是为了解决植物吸收养分和水分而设计的。应用较多的水培法主要有深液流法、营养膜法、浮板毛管法、动态浮根法，而管道水培生菜技术比较少见。生菜是无土栽培的常栽叶菜之一。水培的生菜与一般土壤栽培的相比表现品质好、商品价值高、病虫害少，无连作障碍等优点。生菜的管道水培操作容易，干净美观，适宜观光种植和家庭绿化，且栽培效果明显优于当前室内园艺常用的静止箱式水培和复合基质箱培（图4-52、图4-53）。

（1）管道水培装置　主要包括种植管道及其支撑架、储液池(罐)、营养液循环系统三部分。此装置既适用于大型温室内水培蔬菜的种植，也适用于家庭阳台小菜园；既可以做平面的栽培系统，也可以做成立体的栽培模式。家庭种植可以从市场上专门做无土栽培装置的公司购买。

（2）种植管道　在建造种植管道前，首先将地整平，打实基础。为便于以后操作，用厚壁镀锌管焊接高0.8米的架子，架子上焊接固定种植管道的管卡。种植管道用直径75毫米或110毫米的PVC排水管制作，一端设置进水口，另一端设置排水口，并控制营养液深度为栽培管道横截面的3/4。在栽培管道上开直径25毫米的定植孔，孔距20厘米。

（3）储液池　储液池的作用是增大营养液的缓冲能力，为根系创造一个较稳定的生存环境。储液池的大小和形式可根据管道水培的面积或种植者的资金而定。家庭种植水培生菜，储液池可选择带盖的塑料桶，但必须保证储液池不能漏液，池面要高出地面10～20厘米，加盖，保持池内环境黑暗以防藻类滋生。

（4）营养液循环系统　该系统包括供液系统和回流系统。供液支管和主管道采用PPR上水管，回流管采用PVC排水管。家庭种植要避免日照加速老化。供液毛管采用PE管即可。水泵选用耐腐蚀的潜水泵，功率大小与种植面积营养液的循环流量相匹配，设置定时器控制营养液的循环间隔和次数。

（5）营养液的管理

营养液配方及配制　水培生菜适宜的营养液配方大量元素为：四水硝酸钙945毫克/升。硝酸钾607毫克/升，七水硫酸镁493毫克/升，磷酸二氢铵115毫克/升。微量元素为通用配方：硼酸2.86毫克/升，四水硫酸锰2.13毫克/升，七水硫酸锌0.22毫克/升，五水硫酸铜0.08毫克/升，四水钼酸铵0.02毫克/升，EDTA-铁40毫克/升。营养液的配制方法：家庭种植一般采用浓缩储备液稀释成工作营养液的方法。

营养液EC和pH的管理　水培生菜适宜的营养液EC为：冬季1.6～1.8毫西/厘米，夏季1.4～1.6毫西/厘米。生菜苗期和生育初期，EC采用1/4～1/2剂量；生育中期EC为1剂量；采收期EC采用1/4～1/2剂量。每周监测1次营养液的浓度，如果发现其浓度下降到初始EC的1/3～1/2时立即补充养分，补回到原来的浓度。营养液的pH对生菜的植株形态、生物积累量、光合能力、产品品质均有显著影响，

pH4.0 ~ 9.1生菜均能存活，但适宜pH 6.0 ~ 7.0，超过这一适宜范围则生菜的硝酸盐、亚硝酸盐含量升高，其余各观测指标显著降低。营养液pH一般每周测定并调节1次。

营养液的循环和更换　管道水培时，设置有定时器用于控制营养液的供应时间，以增加营养液溶存氧。一般白天8：00 ~ 15：00供液，夜晚不循环，每隔2小时供液30分钟。连续种植3 ~ 4茬生菜可更换1次营养液，前茬生菜收获后将管道内残根及其他杂物清理后，补充水分和营养液后即可定植下一茬生菜。如果营养液中积累了病菌而导致生菜发病，又难以用药物控制时，必须马上更换营养液，并对整个系统进行彻底清洗和消毒。

(6) 品种选择和茬次安排　生菜属喜冷凉的耐光性作物，耐寒、抗热性不强，喜潮湿，忌干燥，适宜春、秋季栽培，在冬春季节15 ~ 25℃范围内生长最好，低于15℃生长缓慢，高于30℃生长不良，极易抽薹开花。水培生菜在气温25℃以上时结球困难，所以家庭种植水培生菜适合选择散叶、早熟、耐高温、耐抽薹的生菜品种，如意大利耐抽薹生菜、奶油生菜、玻璃翠、凯撒、大速生。其中尤以意大利耐抽薹生菜最为理想，其早熟、耐热、抽薹晚，适应性广。华北地区除6 ~ 8月外，可周年在阳台栽培，一年可生产7茬。

(7) 育苗定植

育苗　生菜种子发芽时需要光照，黑暗下发芽受抑制，切忌播种过深。采用育苗盘，蛭石作育苗基质的育苗方法。播种前，将蛭石装入育苗盘中，将育苗盘中蛭石压平，把装有蛭石的育苗盘放入清水中通过毛细管吸水作用浸透蛭石，待蛭石沥干2小时后，把种子均匀撒播在蛭石上面，然后覆盖一层相当于种子1倍的蛭石，在20℃下，5 ~ 7天可出苗。出苗后，用1/4 ~ 1/2剂量营养液浇灌。

分苗　当生菜苗长至2片真叶时，分苗定植。用清水稍冲洗生菜幼苗根部，在不伤根的前提下尽可能除去蛭石。将处理好的幼苗轻轻放入定植杯中，在根周围放入水苔或小石砾固定幼苗，将固定好幼苗的定植杯放入育苗床的泡沫板孔中，育苗床的营养液水位调节至浸没定植杯底端1 ~ 2厘米。苗间距为5厘米 × 5厘米，营养液浓度为1/4剂量。

定植　待幼苗长至4片真叶时即可定植，将苗移植入水培管道中，随着生菜根系生长，液面可降低，距定植杯底部2厘米，株行距20厘米 × 20厘米，营养液浓度为1/2剂量，1周后调节营养液浓度为1剂量。

(8) 管理和采收　控制昼温25 ~ 30℃，夜温15℃左右，温度高于30℃采取措施降温。营养液温度调至15 ~ 18℃。营养液在收获前1周不必补充养分只需加清水，这样不会降低产量，并可显著降低生菜的硝酸盐含量。定植后25 ~ 30天即可收获。

(9) 病虫害防治　家庭种植管道水培生菜的病害相对较少。夏季有时会发生白粉虱、蚜虫、红蜘蛛等虫害，可用高效低毒生物农药阿维菌素制剂进行防治。水培生菜因高温会出现缺钙发生缘腐病和心叶出现烧焦状，应立即调整营养液，或喷施0.4%氯化钙或1%硝酸钙等叶面钙肥。

图4-52　水培生菜

图4-53　管道栽培生菜

珍珠黑木耳

黑木耳属担子菌纲木耳目食用真菌，是著名的山珍，可食、可药、可补，中国老百姓餐桌上久食不厌，有“素中之荤”美誉，被称为“中餐中的黑色瑰宝”。其味道鲜美，营养丰富，味甘性平，能益气强身、养血活血、疏通肠胃，对高血压患者也有一定帮助。黑木耳的栽培现已进入家庭，实现了庭院空地床架吊袋式栽培。

（1）种植场所　黑木耳在家庭只适合于在庭院或露台栽培，不宜在室内培养，以免木耳成熟后在室内释放孢子对人体产生过敏反应（图4-54）。

（2）种植季节　黑木耳出耳温度以20 ~ 28℃为宜，子实体发育所需最适温度在20 ~ 22℃，最高不超过28℃，最低不低于20℃。在北京地区自然气温下可分为春、秋两季栽培，春季出耳时间为5、6、7月份，秋季出耳时间为9、10、11月份为宜，露地栽培必须有水源微喷。

（3）菌袋打孔　进行挂袋栽培的菌袋，一般要求每个菌袋打180 ~ 260孔，最好打圆钉孔，圆钉孔孔径0.3 ~ 0.4厘米，孔深0.6 ~ 0.8厘米。遮光条件下一般在打孔后5 ~ 7天菌丝即可封闭孔眼，打孔后3 ~ 5天应该将菌袋上下对倒一次，3 ~ 4天后即可挂袋。

（4）垛袋复壮期间的管理　在垛袋复壮期间，一般通过开窗通风达到增氧降温的目的，通过保持地面潮湿和喷施雾状水的方式来调节湿度。春季主要管理目的是要确保增温保湿。一般打孔后，菌袋湿度保持菌袋表面有一层薄薄的水渍，袋温要保持在22℃以下。温度高时孔口封闭快，也可在培养室内进行刺孔。

（5）挂袋方法　挂袋一般有两种方式：即“三线脚扣”和“单钩双线”。三线脚扣法就是用三股尼龙绳拴在吊梁上，另一头系死扣。挂袋前先放置4个等边三角形塑料脚扣，其作用就是束紧尼龙绳固定菌袋。挂袋时先将一个菌袋放在三股绳之间，袋的上面放下一个脚扣，再放一个菌袋。每串数量也是视高度而定。相邻两窜间距20 ~ 25厘米。挂袋时，最底部菌袋应距离地面40厘米以上，挂袋密度70 ~ 80袋/米^2。单钩双线法就是将两根细尼龙绳拴在吊梁上，另一头也系死扣。挂袋时先将一个菌袋放在两股绳之间，再在袋的上面放一个用细铁丝做的钩。钩的形状如手指锁喉状，长4 ~ 5厘米。用钩将绳向里拉束紧菌袋，上面再放菌袋，菌袋上再放钩子，以此重复进行。每串挂袋数量可根据高度确定，一般挂8袋左右。

（6）催芽期管理　在摆袋后到原基形成阶段的技术要点是：增温、保湿、轻通风。这一阶段要保湿为主、通风为辅、早晚增温。挂袋后如不及时浇水催芽，可造成菌丝老化，影响出耳和产量。在催芽期间，要先将地面浇透水，保持地面潮湿，另外可以通过喷施雾状水的方式保证室内的湿度达到75%以上，直观的表现是菌袋表面有一层薄而不滴的“露水”，这样的湿度是最适宜的，在这样的湿度下可以保证耳芽出得又齐又快。早晚各通风一次，每次0.5 ~ 1小时，一般10天左右即可形成木耳原基。

黑木耳菌棒一定不要在有阳光的时候浇水，浇水时间为每天17：00 ~ 23：00

或3：00～7：00，浇水时切忌漫灌，第一次浇水必须把黑木耳菌棒浇透，浇水的时间间隔一般保持在40分钟左右，即17：00～23：00浇水4次，每次1小时。以后浇水保持在浇20分钟停40分钟。

(7) 耳片分化期管理　耳片分化期即原基形成至耳片形成阶段。其管理的技术要点是：控温、增湿、常通风。在这一阶段要防止高温伤害，室内温度高于24℃要浇水降温，防止感染绿霉菌和菌袋流"红水"的现象发生；湿度要达到85%左右，切忌干湿交替，以避免憋芽和连片；要加强通风，防止室内的二氧化碳的浓度过高导致畸形耳的发生，最终影响木耳的产量和品质。

(8) 耳片展片期管理　耳片展片期即耳片形成至采收阶段。这一时期管理的技术要点是：开放管理、控制生长、及时采收、干湿交替。这一阶段随着温度升高，夜晚要浇水，适当控制耳片生长速度，以保证耳片长的黑厚边圆。6月初当木耳采收过半后，应停一次水，将菌袋上的木耳晒干后再进行浇水，待耳片长至3～5厘米，将菌袋上的木耳一次采收下来。晒袋1～2天，模仿下中雨的环境进行浇水。大约7天再现二潮耳原基，连续浇水3～5天即可采收第二潮耳。

(9) 采收与晾晒　耳芽形成后10～15天黑木耳成熟，此时耳片充分展开，开始收边，耳基变细，颜色由黑变褐色，即可采摘。要求勤采细采，采大留小。采收下来的木耳要及时晒干或烘干，烘烤温度不超过50℃。晒干后的木耳即可装入编织袋内，放在通风凉爽的地方储存。

(10) 食用注意事项　黑木耳只可食用干木耳，食用鲜木耳易中毒。因为鲜木耳含有一种卟啉的光感物质，人食用后可引起皮肤瘙痒、水肿，严重的可致皮肤坏死。而干木耳是经暴晒处理的成品，在暴晒过程中会分解大部分卟啉，食用前干木耳又经水浸泡，其中含有的剩余卟啉会溶解于水，因而水发的干木耳可安全食用。

图4-54　黑木耳露台种植

盆栽蓝莓

蓝莓又名越橘、蓝浆果，为杜鹃花科越橘属落叶或常绿灌木，被誉为“水果皇后”“美瞳之果”。蓝莓果实蓝紫色，柔软多汁，风味醇美，有特殊香气，并含丰富的营养成分，具有防止脑神经老化、强心、抗癌、软化血管、增强机体免疫力等功效。树体寿命较长，一般栽后1～2年即可结果，3年进入盛果期。4月下旬开花，总状花序，花乳白色，坛状或倒钟形，花期可持续1个月以上。5～6月浆果渐次着生，呈浅蓝色，6～8月浆果成熟，为深蓝色，果体被有白色果粉，具有较高的观赏价值。家庭的庭院、阳台、屋顶皆可栽培（图4-55）。

（1）种植季节　盆栽蓝莓一年四季均可定植，最好时机是在秋季至第二年春季萌芽之前。这一时期的苗木便于管理，定植相对简单。秋季定植后，第二年即可少量开花，少量结果，第三年可以正常开花结果，第五年后进入盛果期。家庭盆栽蓝莓管理得当，结果期可以保持3～5年。

（2）种植品种　家庭盆栽蓝莓主要是选择观赏性强、风味醇正、果大形好、叶色艳丽、采摘期长、抗病力强的品种。因蓝莓需2种以上品种混合栽培有利于授粉，提高结实率。目前应用较多的早熟品种有早蓝、都克(北高丛蓝莓)；中熟品种有蓝丰(北高丛蓝莓)、北露、北蓝(半高丛蓝莓)；晚熟品种有达柔(北高丛蓝莓)。

（3）花盆选择与盆土配制　盆栽蓝莓应选透气性好的瓦盆或陶盆，家庭盆栽还要考虑便于搬动和换土，可选上口内径25厘米、高20厘米的盆或上口内径30厘米、高25厘米的盆。蓝莓喜酸性、松软、疏松透气、富含有机质的土壤，一般要求土壤pH 4.5～5.5、有机质8%～12%。家庭盆栽可买花市常见的腐殖土，视条件加入腐苔藓或草炭、木屑、腐烂的松树碎皮等有机质。定植后浇硫酸亚铁，最好少量多次浇入，1升土壤累计用3～4克硫酸亚铁为宜，以免伤根；土壤一定要加硫黄，每月1次，直到叶子有轻微灼伤，1升盆土用硫黄粉3～4克。

（4）栽植　春季萌动前或秋季落叶后均可栽植蓝莓，但在华北地区上盆时间选择春季萌动前较好。先填入盆土至盆1/3深度。定植时如果根系带土密集成团，可直接进行栽植，然后覆土。如果是裸根苗，应先将根系水洗展开，剪去烂根、断根和伤根，用50%多菌灵可湿性粉剂800倍液蘸根防病，稍待干爽后栽植。将苗木置于盆中，继续填土至盆2/3处，轻提苗木舒展根系避免窝根，然后压实，再继续填土至苗木根际为止(距盆口5厘米左右)，再次压实，并轻拍盆腰，以避免土壤与根际存有较大的间隙，及时浇透水。栽植后在室内晒不到太阳而又通风处缓苗1周。1周后可搬到阳台外正常养护。

（5）栽后管理

浇水　盆栽蓝莓根系分布浅，而且纤细，没有根毛，故抗旱能力差，喜湿润土壤，但不能积水。春、秋季每天浇1次，夏季早、晚各浇1次。家庭使用自来水必须先将水在塑料桶或盆内储存(以便氯挥发)后再使用，并经常在水中加入硫酸亚铁。

施肥　因蓝莓对氯敏感，栽培上不宜施用含氯复合肥，防止浆果品质下降。可

施用腐熟液态有机肥和硫酸钾型复合肥。栽培上注意浇施含硫酸亚铁的微肥，以促进生长。施肥不宜过勤，追肥浓度应控制在0.3%。蓝莓属于寡营养植物，树体内氮、磷、钾、钙、镁含量较其他果树低，所以施肥时要特别防止过量，避免肥料伤害。

光照管理　蓝莓喜光性强，生长季节要放在室外或阳台栽培。果实即将成熟、观赏价值较高时再移入室内。

换土　蓝莓盆栽3年后就应换土，在植株休眠期进行，所换新土要干燥。将蓝莓从原盆慢慢提出，剪掉1/5 ~ 1/4的外围根系，换新土重新装盆，浇透水。

整形修剪　蓝莓生长过程中，应进行适当的整形修剪，以平衡营养生长与生殖生长之间的矛盾，从而达到通风、透光、透气，实现丰产、优质。定植时如果是根系带土团的大苗，则可适当保留部分花芽，使之当年结果。如果是裸根小苗，尽量少剪或不剪，以尽量扩大树冠和枝量。第二年可以少量结果。蓝莓根萌蘖能力强，盆栽多采用丛状树形，树高控制在80 ~ 100厘米。盆栽蓝莓长结果枝(50厘米以上)顶端结果后仍可继续抽生5 ~ 6个壮结果枝，中结果枝（25厘米左右)顶端结果后可继续抽生3 ~ 4个短果枝(1厘米左右)。修剪中应对长枝适当短截，以减少花芽量。保留中果枝，使之空间距离在30厘米左右，过密的疏除。长度在10厘米以下的果枝生长细弱，除留下补空结果外应予以疏除。花前还可疏除部分过密花序。

(6) 病虫害防治　盆栽蓝莓最大的虫害是金龟子的幼虫，主要危害蓝莓根部，严重时从根部开始逐渐蔓延至顶部，最后导致全株死亡。因此，发现地上部异常的植株要及时察看，及时除掉根部害虫。金龟子的成虫主要危害叶片，造成网状受害。新梢出现的虫害主要是油虫，可用软刷子将其除掉。盆栽蓝莓最大的病害是根腐病。初夏时期出现黄叶使树势减弱，如果得不到控制会导致全株死亡。其主要原因是根部过湿，通透性不良所造成。解决办法最好是盆底具有良好的排水通道。

图4-55　盆栽蓝莓

盆 栽 苹 果

苹果是蔷薇科苹果属的落叶乔木，原产欧洲及亚洲中部，栽培历史悠久，全世界温带地区均有种植。盆栽苹果是把苹果园艺与盆景艺术进行结合，使其形果兼备，光彩怡人，富有生活情趣和自然气息（图4-56）。苹果盆景既有可供人们欣赏的外形，又有可供人们食用的果实，以形载果，以果成形，形果兼备，可谓家庭栽种之佳品。苹果盆景投资较小，普通家庭均可种植。

（1）种植品种　盆栽苹果要求树冠矮化紧凑、果实鲜艳、观赏时间长，因此要采用着色良好的富士系短枝矮化型品种，如宫崎短枝、惠民短枝、福田短枝等，也可以采用寒富、斗南、昌红等优良品种。

（2）选盆及盆土配制　盆栽苹果应选用30厘米及以上直径的大号盆，以满足苹果生长与结果的需要。为增加观赏性，一般多选用釉缸盆或瓷盆。盆栽苹果需要质地疏松、通透性好、有机质含量高的土壤，其配制比例为耕作层表土1.5份（或黏土1份、沙土0.5份），腐叶土1份，厩肥土0.5份。若土质过黏，要适当增加沙土的比例，最好使配方后的土壤中有机质含量达到1%～2%。盆土使用前1周用福尔马林消毒，再用塑料薄膜密封熏蒸一昼夜，待药剂全部挥发后即可使用。

（3）上盆　盆栽苹果一般春季上盆。新盆用水浸泡20分钟，使其充分吸水。旧盆要去除残土并消毒，以消灭病菌。上盆时用瓦片盖住盆底部的排水孔，先将筛出的粗盆土或粗沙填入盆的下部作排水层，厚度2～3厘米，然后将少量细土填在上面，中间高、四周低。选择优质苗木，修剪整理根系后，将其放在盆的中间，边填土边摆好根系使其舒展不卷曲，最后填土至距盆沿3厘米时暂停，浇透水直到水从盆底排水孔流出为止，再用土将下沉的空间填好，使苗木的嫁接口刚好露出土外。

（4）栽后管理

追肥　苗木栽植成活后新梢长度10厘米时施第一次肥，以有机粪肥为主，促进枝条生长。7月上旬根部浇施1次4倍的沼液，施肥后浇水，促进枝条生长。8月下旬至9月上旬再浇施1次4倍的沼液，促进枝条成熟，施肥量0.5～1千克/株。第二年萌芽肥以沼液为主，在萌芽前10天施用，用3倍的沼液浇施根部。春梢停止生长后，根部再浇施1次3倍的沼液，施肥量为0.5～1千克/株。第三年之后的萌芽肥以沼液为主，在萌芽前10天施用，用60%的沼液浇施根部，施肥量1～2千克/株。春梢停止生长后施肥与第二年相同。为了促进果实生长、保持良好的树势，在8月下旬至9月上旬，根部再浇施1次3倍的沼液。

基肥　基肥一般在采果后施用，以沼渣或沼液为主，将沼渣与秸秆、麸饼、土混合且高温堆积腐熟后，再施入土壤，施肥量一般每盆200～400克，沼液用清水稀释2～3倍后根部浇施，施用量1～2千克/株。

叶面喷肥　5～6月，新梢长度10厘米时开始喷施有机叶面肥，每20天1次，以改善树体营养状况，促进花芽形成。7～8月每月喷施1次钾肥，促进枝条成熟，提

高果实品质。9 ～ 10月每月喷施1次有机叶面肥混合溶液，延迟叶片老化，促进芽体充实饱满。

水分管理　春季萌芽前、施肥后、土壤封冻前各灌水1次，生长季节视干旱情况酌情补墒，雨季注意排水防涝。

整形　树形整成自由纺锤形、小冠分层形均可。自由纺锤形定干30厘米，主干上错落着生5 ～ 6个主枝(每个主枝均单轴延伸)，主枝间距20厘米，树高1.1 ～ 1.3米。小冠分层形定干30厘米，第一层3个主枝，第二层2个主枝，第三层1个主枝，层内距5 ～ 10厘米，第一、二层的层间距50厘米，第二、三层的层间距40厘米，树高1.35 ～ 1.5米。

休眠期修剪　为了培养矮化紧凑的树体结构，整形期间除定干外不要使用短截延长枝的方法扩大树冠，而是以轻剪缓放为主，在树冠逐步形成的同时综合运用促花技术，使其早成花、早结果。苗木栽植后定干，修剪时疏除竞争枝、密挤枝、病虫枝，结果后回缩细长的衰弱结果枝，更新结果枝组，培养外紧内松的树体结构，防止密枝密果的现象。弱树适当重剪，少留花芽；旺树轻剪缓放以缓和树势，同时适当增加留花量，结果后以果压冠。

生长期修剪　幼树期萌芽前20 ～ 30天在需要发枝处刻芽，于5月底至6月初将强壮主枝、辅养枝每隔15 ～ 20厘米进行环割，以缓和树势、促发短枝、促进成花。对主枝上的背上枝、斜背上枝有空间的扭梢或软化后拉平，无空间的疏除。新梢生理停止生长前摘心，连续2 ～ 3次，增加中短枝，促进花芽的形成。8月下旬至9月中旬将主枝先拿枝软化后再拉枝开角呈80°，以改善光照条件、控制顶端优势、缓和树势、促进成花。

(5) 花果管理　花前复剪，疏除过量的花芽，每隔10厘米选留1个壮花芽。盛花期疏除边花，人工授粉，花后10天枝干环剥均可提高坐果率，生理落果结束后疏果，疏去畸形果、衰弱果，选留果形端正的下垂果，每个花序留1个果。

套袋可以促进着色，增加观赏性，提高商品价值。套袋在6月中旬进行，套袋前树冠喷施1次70%甲基硫菌灵800倍液+灭扫利2500倍液，药液干后立即套袋。采用双层纸袋，要使果实处于袋的中央，扎好袋口，防止雨水及病虫侵入。摘除纸袋前7天摘除遮果叶片，果实成熟前25天摘除纸袋，除袋时先去除外层袋，将内层袋撕成伞状盖住果实，保留3 ～ 5天再去除。除袋后5 ～ 8天转果180°，7天后再转果1次。

(6) 病虫害防治　苹果的主要病虫害有轮纹病、炭疽病、早期落叶病、腐烂病、蚜虫、红蜘蛛、食心虫、卷叶蛾、金纹细蛾等，以物理防治为主，提倡生物防治，科学应用化学防治。休眠季节清理枯枝落叶，剪除病虫枝、劈折枝，萌芽前喷施3 ～ 5波美度石硫合剂，生长季节先喷施保护性防病药剂，可起到较好的防病效果。防治病害的主要药剂有石硫合剂、阿维菌素、甲基硫菌灵、波尔多液等。对卷叶蛾、金纹细蛾、食心虫类害虫，主要采用复合迷向剂和性诱剂等生物、物理措施防治。对鳞翅目、膜翅目、双翅目类害虫，采用杀虫灯防治。对蚜虫、红蜘蛛等刺吸式害虫，喷洒油类生物农药防治。

图4-56　盆栽苹果

盆栽葡萄

葡萄是一种常见果树。其果实富含维生素、矿物质和类黄酮。类黄酮是一种强力抗氧化剂，可抗衰老，并可清除体内自由基。葡萄还含有一种抗癌微量元素白藜芦醇，可防止健康细胞癌变，阻止癌细胞扩散。不仅是葡萄肉，葡萄皮和葡萄籽也都对女性非常有益。葡萄籽中富含的花青素，其抗氧化的功效比维生素C高18倍，可以说是真正的抗氧化明星。

传统的葡萄栽培主要以露地搭架栽培为主，近年盆栽葡萄因为兼具了经济价值和观赏价值，成为一种新型的种植方式，受到居民广泛喜爱（图4-57）。盆栽葡萄叶片面积大、果实紧凑、颜色艳丽，是盆栽植物的理想栽培类型。在屋顶及窗台等具备充足阳光的区域摆放盆栽果树，一方面利于盆栽植物的生长，另一方面能够有效起到美化环境作用，提升生活韵味。

（1）种植场所　盆栽葡萄相比地栽葡萄而言，体积更小，移动更加灵活，能够在建筑物的阳台、平台及回廊、走廊内摆放，白天可以摆于阳光充足的阳台及屋顶，促进光合作用，遇到恶劣天气时又可及时搬动，躲避不利的生长环境。盆栽葡萄的生长土壤较少，在水分及肥料方面受到一定制约，盆内土壤在不同环境下温度及湿度都会频繁变化，外加盆栽葡萄的根系分布不深，极易受到各种伤害，如冻害及阳光灼晒等，因此要对盆栽葡萄生长养分勤加补充，日常管理也要及时。

盆栽葡萄受制于容器体积，在根部发育及植株高度上与地栽葡萄差别较大，因此在架式及造型方面有着独特要求。一方面，修剪量要小于地栽葡萄，另一方面摘心及剪副梢的次数和时间也与地栽葡萄不同。

根据盆栽葡萄的习性特点，家庭可以选择朝南、朝东、朝西的阳台种植，也可选择屋顶、走廊等。

（2）种植品种　葡萄盆栽种植时，其枝蔓生长受限，因此要优选节间较短、长势较弱、成熟较早、结果率较高、穗粒较大、抗病能力较强的品种。一般以巨峰、玫瑰香等品种为主。巨峰适于进行短剪，具备良好的肥水条件时，有着较高的结果率，穗重能够达到0.5千克以上。巨峰葡萄在成熟时呈现出黑紫色，果粒丰实，外形美观，在抗病表现上也较优异，是盆栽葡萄的最优品种。玫瑰香是北方地区的葡萄主栽品种，具有良好的生食性，也较适宜盆栽种植。

（3）花盆选择与营养土配制　盆栽葡萄要选择体积较大的花盆，为植株生长提供充足的营养，盆口的直径以30 ～ 40厘米为宜，可略大但不应小于30厘米。在栽盆的类型上，可选木盆、陶盆、瓦盆、塑料盆及紫砂盆等，其中塑料盆不易损坏，可成为盆栽葡萄容器的首选。栽培用土要求肥沃、疏松，最好选用森林中的腐叶土及较肥沃的园土或用杂草、树叶堆积腐熟的堆肥土，再加少量饼肥、鸡粪，调配混合腐熟而成。

（4）繁殖方法　盆栽葡萄一般用扦插繁殖。选择根系发达、枝蔓粗壮、芽眼饱满、无病虫害的一年生壮苗，枝蔓留3个芽短截，并适当修根，剪除直根或过长根，剪口要平。栽植之前先用清水浸泡24小时。另外，当年生绿苗也极适宜于盆栽。

（5）栽后管理

施肥　盆栽葡萄定植后，只要经常浇水，暂不施肥。待幼苗长到5～6片叶后，开始施以稀薄的肥料。肥料以豆饼、麻酱渣等饼肥为主，经浸泡发酵呈黑色液体再施用，最好不施或少施化肥。施用液肥时，应根据其浓度加水使用，要采用少施勤施的办法。每周施1次，施后浇水。

浇水　盆栽葡萄每天需要浇水1次，夏天气温高、蒸发量大时要浇2次。每次浇水量要大，以不流出为宜。水事先要晒，使之与土温基本一致。为增加盆土的渗水、保水和通气性能，盆土也要经常松土。

苗期整形　盆栽葡萄虽可培养多种树形，但以矮干形为好，这样有利于早结果、早丰产，也便于冬季防寒。留干高度应视盆的大小而定，一般一尺盆干高50～60厘米。矮干形的整形，先要将幼苗培养一条主蔓，待其长到60～70厘米时，便将其顶尖摘掉，促使枝蔓加粗生长。为了使主蔓直立生长，需在盆中插一根长60～70厘米长的竹竿，作为支柱。主蔓摘心后，夏芽副梢迅速生长，为使养分促进花芽分化，对所有夏芽副梢均留2叶摘心，以增加叶面积，如此继续长出第二次、第三次副梢，也都留2叶摘心。这样，主蔓粗壮，形成主干，同时芽眼饱满，花芽分化完全，为第二年丰产打下良好的基础。

结果树管理　盆栽葡萄一般第二年开始结果，但要适当控制结果量，保证树势健壮，才能生产优质葡萄。冬剪时，选留3～4条不同方向的健壮果枝，均在其茎部留2芽短剪，以形成固定的结果枝组，多余的枝条留1芽或全部剪除。

（6）病虫害防治　盆栽葡萄较少遭受虫害，主要是对白腐病、黑痘病及炭疽病加以防治。在葡萄休眠期时可以喷洒石硫合剂，发芽期时隔15天喷药1次，药液可采用多菌灵800倍液。

（7）冬季防寒　盆栽葡萄冬季要防寒，以免受冻。防寒方式可根据条件各异，如：放到没有暖气设备的廊子或房间；埋入土中；放到向阳台靠墙处，把枝蔓压倒，盖上潮湿树叶，下面再覆盖基层草席。不管采用哪种方法，防寒前都要浇透水。除埋入土中的方法，其余几种方法在冬季都要对葡萄多次检查，发现土壤缺水，就应及时补充，以免干旱影响防寒效果。到第二年的4月上中旬，可解除防寒措施，并及时浇水。

图4-57　盆栽葡萄

蒲　公　英

蒲公英别名黄花地丁、婆婆丁等，以嫩叶供食。其植物体中含有蒲公英醇、蒲公英素、胆碱、有机酸、菊糖等多种营养成分，性味甘、微苦、寒，有利尿、缓泻、退黄疸、利胆等功效，对急性乳腺炎、疔毒疮肿、急性结膜炎、感冒发热、急性扁桃体炎、急性支气管炎等症有一定疗效。可生食、炒食、作汤，是药食兼用的植物。几千年来，中国人一直采集野生蒲公英食用，食用方法也多种多样，已在民间形成了传统的方子。由于蒲公英的营养成分丰富，越来越被人们认识和接受，目前在一些大城市用蒲公英制作的佳肴已经摆上餐桌，受到人们的热捧。

(1) 种植场所　蒲公英属短日照植物，高温短日照条件有利于抽薹开花；也较耐阴，但光照条件好时有利于茎叶生长。适应性较强，生长不择土壤，但以向阳、肥沃、湿润的沙质壤土生长较好；早春地温1 ~ 2℃时即可萌发，种子在土壤温度15 ~ 20℃时发芽最快，在25℃以上则反而发芽较慢，叶生长最适温度为15 ~ 22℃。因此，家庭可选择在朝南、朝西或朝东的阳台种植，庭院也可以露地直播（图4-58）。

(2) 种植季节　家庭阳台种植蒲公英，从春到秋可随时播种。4月中旬地温稳定在1℃以上时即可露地播种，家庭阳台种植可以提早到3月在室内播种。

(3) 育苗方法和技术　家庭种植蒲公英采用直播种植的方式。成熟的蒲公英种子没有休眠期，5月末采收种子后立即播种，从播种至出苗需10 ~ 20天；延至夏季7 ~ 8月播种，则从播种到出苗需15天，播种量一般每平方米3克左右。

家庭种植可进行盆栽，一般选择直径20厘米的花盆，每盆栽3 ~ 5株；或者是长方形的大花盆，按照行距10厘米可以进行条播。播后覆土，土厚1.0厘米。播种时要求土壤湿润，如土壤干旱须在播前2天浇透水。春季播种后最好盖上薄膜，幼苗出齐后去掉薄膜并及时浇水。

图4-58　盆栽蒲公英

(4) 栽后管理

间苗定苗　2 ~ 3片真叶期及5 ~ 6片和7 ~ 9片真叶期时，分别进行3次间苗，间下的苗可以食用。最后一次按株距5

厘米、行距10厘米选壮苗定苗。间苗、定苗后一般均需及时浇水。定苗后立即随水追施腐熟有机肥。

浇水 出苗前保持土壤湿润，如土壤干旱可浇小水。出苗后，视墒情情况适当浇水，浇水量不宜过大，防止幼苗徒长。在叶片迅速生长期，要保持盆土湿润，以促进叶片旺盛生长。当年不收根的，冬前浇1次透水，利于越冬和早春萌芽。

追肥 蒲公英虽然对土壤要求不严，但营养叶片进入快速生长期后，须结合浇水进行追肥，可以施用有机粪肥，以后视生长情况进行追肥，保证生长需要。

（5）病虫害防治 蒲公英抗病抗虫能力很强，一般不需进行病虫害防治。如发生蚜虫，可用黄板粘虫。

（6）采收 蒲公英可分批采摘外层较大的叶片食用，或用刀割取心叶以外的叶片食用。每隔15～20天割1次。采收时可用小刀沿地表1～1.5厘米处平行下刀割取，保留地下根部，以长新芽。先挑大株收，留下中、小株继续生长。人工栽培蒲公英的主要目的是作高档蔬菜，一般在供应多年、生长发育开始衰败时，才于秋末一次采挖晒干供药用。

马 齿 苋

马齿苋为马齿苋科马齿苋属一年生匍匐性垫状草本（图4-59）。株高达45厘米，冠幅可达50厘米以上。叶肉质，倒卵形，长约3厘米互生。原种花鲜黄色，径1厘米。观赏品种是野生品种的变种，即大花马齿苋，花直径5厘米，重瓣，有红、淡紫、黄色红心、橙色及白色等变化。花朵在阳光下开放，阴天及早晚温度低时闭合，故又称太阳花。

马齿苋集美食、营养、药用于一身，一直是人们普遍食用的时令野菜，目前在欧洲的一些食品店和餐馆也已开始供应各种马齿苋食品，包括马齿苋色拉、马齿苋三明治，以及供佐餐用的马齿苋酱等。另外马齿苋是一种栽培容易、具有较高的营养保健价值的绿色蔬菜，在我国资源丰富，蕴藏量大。马齿苋具有清热利湿、解毒消肿、止渴利尿、杀虫通淋等多种功效，同时还有益气作用，是防治痢疾、泄泻的特效中草药之一，对心血管疾病也有一定疗效，很适合家庭阳台种植。

（1）种植场所 马齿苋喜高温高湿，耐寒耐涝，具有向阳性，因此家庭种植应选择朝南的阳台或者光照好的朝东、朝西的阳台，也可以庭院露地种植。

（2）种植季节 阳台种植马齿苋春季到秋季均可进行。春播开始较迟，品质柔软。夏秋播种易开花，品质粗老，所以一般2～8月播种。其发芽温度为18℃，最适宜的生长温度20～30℃，当温度超过20℃时可分期播种，陆续收获。

（3）育苗方法和技术

种子繁殖 马齿苋在春季断霜后就可以在庭院露地播种，阳台种植的可以在室内育苗移栽，育苗可用育苗盘。马齿苋的种子很小，可掺上细土再播以保证撒播均匀，播后适当压实再浇水，7～10天即可出苗。幼苗长到3～4厘米高时就要开始间苗，间苗分次进行，逐步加大株距。马齿苋苗高5厘米以上就可以移栽到花盆里。

扦插繁殖　马齿苋扦插枝条从当年播种苗或野生苗上采集，从发枝多、长势旺的强壮植株上采集为好，每段要留有3～5个节。把未开花结籽的植株分剪成5厘米长的茎段，插入土深3厘米，插后保持一定的湿度和适当的荫蔽，1周后即可成活，待发根后追肥。

（4）栽植　家庭栽培马齿苋可选用容量为12～13升的圆形浅盆，基质宜选用肥沃的壤土，在花盆中按照20厘米的间距移栽幼苗。分枝扦插的按株行距3厘米×5厘米直接扦插在花盆里。移栽最好选阴天进行，如在晴天移栽，栽后2天内应采取遮阴措施，并于每天傍晚浇水1次。

（5）栽后管理　由于基质已施足底肥，所以马齿苋栽植后前期可不追肥，以后每采收1～2次追1次复合肥。生长期间经常追施一点氮肥，其茎叶可以长得更肥嫩粗大，增加产量，迟缓生殖生长，改善品质。形成的花蕾要及时摘除，以促进营养枝的抽生。干旱时要适当浇水，生长期间要注意除草。

（6）病虫害防治　马齿苋很少发生病虫害，一般不需喷药。

（7）采收　马齿苋是一次播种、多次采收的蔬菜，采收时挑采开花前10～15厘米长的嫩枝，新长出的小叶是最佳的食用部分。嫩茎的顶端可连续掐取，取中上部，留茎基部抽生新芽，使植株继续生长。采收一次后，相隔15～20天又可采收，直至霜降。

图4-59　马齿苋

何首乌

何首乌别名夜交藤等，是蓼科何首乌属多年生藤本植物。其块根肥厚，长椭圆形，黑褐色。块根入药，可安神、活络、消痈；制首乌可补益精血、乌须发、强筋骨，是常见名贵中药材。注意：何首乌使用上有禁忌，慎用。

(1) 种植场所　何首乌多野生于山林灌木丛中，以及山脚向阳坡或石缝中，缠绕他物生长。喜温暖湿润，忌积水和太干燥的环境；适应性强，耐寒，能露地越冬，幼苗期生长缓慢。生长在排水良好、结构疏松、富含腐殖质的沙质壤土的何首乌块根发育肥大，在黏土地上则生长不良。因此，家庭种植应选择朝南或者朝东、朝西的阳台，也可在房前屋后露地种植（图4-60、图4-61）。

(2) 种植季节　一般家庭种植何首乌，种子繁殖的3月上旬至7月上旬均可播种，扦插繁殖的3～4月或8～10月均可扦插。

(3) 育苗方法和技术　何首乌繁殖可采用种子繁殖、插枝繁殖、压条繁殖和分块繁殖，一般家庭种植通常采用种子繁殖和插枝繁殖。

种子繁殖　露地直播的按行距15～20厘米开深3厘米的沟，将种子均匀撒入沟内，覆土1厘米，镇压，浇水，约15天出苗。家庭种植的也可以直接点播在花盆里。当苗高10～12厘米时移栽。种子繁殖幼苗生长慢，苗高30厘米以上后生长迅速，块根粗大，但生长周期稍长。

插枝繁殖　选较粗壮的茎蔓，截成15～20厘米一段作插条，每根插条上必须有2个以上的节，上面1节留叶片，其余叶片摘除。家庭种植的按照株距15厘米直接扦插在花盆里，扦插后压实土壤，然后浇水。春、夏插10天左右可长出新根，秋插第二年春季生根。插枝繁殖生根快，成活率高，种植年限短，结块多。

压条繁殖　在春、夏季进行，选近地面的粗壮枝条进行波状压条，埋深3厘米左右，生根后剪下定植。

分块繁殖　在收获时选带有茎的小块根或大块根分切成几块，每块带有2～3个芽眼，用草木灰涂上伤口，放在阴凉通风处晾1～2天，等伤口愈合后种植。

(4) 栽植　阳台种植何首乌可以选择大一点的长方形花盆，花盆要稍微深一些，按照株距15厘米点播或扦插多棵。

(5) 栽后管理

浇水　移栽时需浇透定根水，经常保持土壤湿润，利于幼苗成活。苗成活后可少浇水，雨天注意排除积水。

追肥　生长期每年追肥2～3次。苗返青后，可以追施有机肥，并结合进行中耕除草。5～6月开花前可追施饼肥1次，10～11月以追施复合肥为主。

搭架、剪蔓、打顶　栽植苗成活后茎蔓生长到30厘米时，要用细竹竿等搭架并绑蔓。一般在2株何首乌间插入1根长约2米的细竹竿，把竹竿根部砍尖插入土中，顶部1/3处用铁丝捆住。3根竹竿连接搭成"人"字锥形架。一般每株只留1～2藤，多余的剪除，到1米以上才保留分枝，这样有利于植株下层通风透光。如果生长过

旺，茎长到2.5米时可适当打顶，同时抹去地上部30厘米以下的叶片。

摘花　除留种株外，在5～6月或8～9月摘除已现花蕾的花，以免养分分散，影响块根生长。

培土　每年12月底以前培土2～3次，以增加繁殖材料，促进块根生长，并结合施肥、除草。

（6）病虫害防治　何首乌常见病虫害有褐斑病、锈病、根腐病和蚜虫、钻心虫、地老虎、蛴螬、蝼蛄等。可以通过物理防治和化学防治相结合的方法，注意植株的通风透光，防积水，清除病株残叶。如果病虫害发生严重，也可以喷洒生物农药防治。

（7）采收　用种子繁殖的何首乌2～3年收获，插枝繁殖或压条繁殖的第二年采收，采收时间为秋末的11月。采收时，先将藤茎割下，除去细枝及残存的叶子，切成70厘米长的茎段，捆扎晒干即为夜交藤；块根挖出后，洗净泥土，削去须根和头尾。

图4-60　何首乌

图4-61　廊架种植何首乌

板　蓝　根

板蓝根原名菘蓝，别名大青根、大蓝靛，为十字花科二年生草本植物（图4-62）。其根可入药，有清热解毒、利咽凉血等功效，主治流行性感冒、流行性腮腺炎、乙型脑炎、传染性肝炎、咽喉肿痛等症。不仅如此，板蓝根的叶片还是生产颜料靛青、化妆品粉黛的天然原材料。板蓝根可以煮汤，方法是在板蓝根苗长到15 ~ 20厘米的时候，将板蓝根连叶带根洗净，像煮白菜一样放点油、盐就可以了，稍有苦味。还可以素炒，先放点油，放点辣椒、大蒜、葱，再把切好的板蓝根放入翻炒即可。

（1）种植场所　板蓝根适应性较强，喜温和湿润气候，耐寒、耐旱，对自然环境和土壤要求不严，霜后仍可生长，喜疏松肥沃的湿润沙质壤土，因此家庭种植可选择朝南、朝东或者朝西的阳台，也可在庭院露地种植。

（2）种植季节　板蓝根的播种期分为春播、夏播和秋播，以采根为主的宜春播或夏播，育种的宜秋播。一般家庭阳台种植以春播为主，华北地区4月上旬播种。夏播应尽量提早，最好在立夏前后，过迟会使幼苗期遇高温季节，发育受到抑制，植株发育不良，产量低，品质亦差。秋播宜在白露至寒露进行。

（3）育苗方法和技术　播种应选用二倍体种子。因为二倍体种子生成的根为独根，不分杈，而四倍体种子生成的根易分杈，品质差。板蓝根播种采用种子直播，因板蓝根的根系入土可达33 ~ 50厘米，因此家庭种植选用的花盆要深一些，可使用长方形或圆形的花盆。基质一般用园土、细沙及有机肥配制。播前把种子浸湿，而

图4-62　板蓝根

后晾干，随即拌细沙进行撒播，播后再覆一层细土。条播时，在土面上按20 ～ 25厘米行距划出2厘米深的浅沟，然后将种子均匀撒入沟内，覆土1厘米左右，稍加镇压，墒情差者适当浇水。温度适宜时，播种后7 ～ 10天即可出苗。

家庭庭院露地种植板蓝根，土壤翻耕得越深越好，这样有利于根部生长顺直、光滑、不分杈，提高产品质量。耕后应耙平整细，整平，然后播种。

(4) 栽后管理　当板蓝根苗高7 ～ 8厘米时，及时进行间苗。苗高10厘米时，按株距8厘米定苗。定苗后及时松土除草。生长早期应维持适当干旱，以利根系深入土层，中后期适当浇水。以小水勤浇为好，不宜大水漫灌，否则会引起烂根。浇水时间应选在早晨或傍晚，不宜在中午进行，以防沤根。切忌施用碳酸氢铵。

(5) 病虫害防治　板蓝根常见病虫害有霜霉病、菜粉蝶、小菜蛾等。病虫害不严重时可以人工捕虫，病虫害较重时可使用生物农药进行防治。

(6) 采收　当板蓝根叶片长至15厘米长时可以采收叶片。采收宜选在晴好天气进行，用剪刀切除大叶，保留幼嫩叶及茎尖，以利下次采收(每季可采收2次)。采叶后的植株应及时补施氮肥。施用时最好撒施于行间，以减少对茎心的损害。施肥后适当浇水，以利植株继续生长。10月中旬前后，可以把新长的叶片全部采完。然后刨收根部药材。刨收时应用大板子锹先从地边开挖50厘米深的条沟，然后顺沟边向地里开挖，这样可减少断根、伤根，提高产品质量，并能挖除干净。刨出的根晾至7成干时，去除泥土，捆成小捆，再晾至充分干燥，即可储存。

花蔓草（穿心莲）

花蔓草是近两年才开始食用的一种绿叶蔬菜，在蔬菜市场上常被称为穿心莲。其实这是一种误传，植物学分类上的穿心莲为爵床科植物。而花蔓草为番杏科露草属多肉花卉类植物，别名露草、心叶冰花、太阳玫瑰、羊角吊兰、樱花吊兰、牡丹吊兰等，原产非洲，多年来一直作为花卉观赏。如今，作为蔬菜，主要食用其嫩茎叶，可行一次栽培、多次采收。其抗性较强、产量高，属于一种高产、高效的绿叶蔬菜。而且，由于其叶片肥厚，颜色亮绿，生长势强，生长期长，开花在枝条顶端，花色玫红，花期从春至秋，赏花又观叶，是装饰客厅、窗台的绝好盆栽花卉。

花蔓草一般可用于凉拌，于沸水焯后加入芥末油、蒜末拌匀即可；也可炒食、作汤、作馅、作涮菜料等。做成的菜肴颜色翠绿，口感嫩滑，鲜美可口。

(1) 种植场所　花蔓草植株丛生，分枝性强，生长快，每叶腋均能生长侧枝。摘心后在温度适宜的情况下，大约7天侧枝即能达到采收标准。花蔓草性喜温暖，生长适温15 ～ 30℃。栽培土质以疏松肥沃的沙质壤土为佳，排水力求良好。喜半阴环境，盛夏中午光线过强，叶片容易变成淡绿色或黄绿色，缺乏生气，甚至干枯，故需要适当遮阴。其他时间应给予充足的光照，尤其是冬季。忌连续高温干旱或低温高湿。因此，家庭种植可以选择朝南、朝东或朝西的阳台（图4-63）。

(2) 种植季节　露地栽培应在春季晚霜过后定植，北京地区一般在4月底或5月初进行。家庭阳台四季均可定植，定植后可连续收获1 ~ 2年。

（3）育苗方法和技术　北京地区花蔓草种植很少采用播种方式，生产上常采用分株或扦插繁殖。由于其断茎后易长不定根，故而以采用扦插繁殖为多。扦插时宜选择粗壮的茎尖，在穴盘、营养钵或花盆中扦插，要求插条长8 ~ 10厘米。对土质要求不严，正常情况下都能全部成活，25 ~ 30天成苗。冬季育苗切忌低温、高湿、光照不足。

（4）栽植　花蔓草定植密度应根据生长期的长短来决定，生长期长的要相对稀一些，而生长期短的或想要提高前期产量的相对密一些。因花蔓草匍匐性强，生长速度快，建议密度不宜过大。一般容量为7 ~ 8升的圆形花盆每盆栽3 ~ 5株。

（5）栽后管理　花蔓草极易栽培，简单的一般管理即可良好生长。管理过程中应注意以下问题：

花蔓草性喜温暖，因此要尽量创造温暖的环境，以利生长。

定植缓苗后，为使其尽快分枝，当茎长15厘米时可进行摘心，摘心应在浇水施肥后进行。然后中耕，稍加蹲苗，使主茎变粗，叶片变厚，尽快分出侧枝，待分枝长出后，再加强肥水管理。

花蔓草小苗时，收获不可过量，否则会严重影响生长速度。当植株分枝已经长成，叶枝较多时，尽可随意采收。

夏季高温、干旱、光照过强，花蔓草茎叶绿色变浅，颜色发黄，甚至叶片发干；冬季低温、高湿、弱光，茎叶生长缓慢，易腐烂。需加强夏季遮阴、冬季保温等相应措施。

图4-63　花蔓草

（6）采收　花蔓草每个叶腋均能分枝，一般以枝长5 ~ 10厘米时收获嫩尖为佳，但应在其下部保留叶片3 ~ 5片。每摘去一个生长点，在适合温度下约4天就可长出新的分枝，温度越高分枝生长越快。花蔓草的产量随采收次数而增加，前期产量低一些，后期产量成倍增加。

大　麦

大麦作为一种主要的粮食和饲料作物，已有几千年的种植历史，曾为16世纪犹太人、希腊人、罗马人和大部分欧洲人的主要粮食，在我国也是个古老的作物。大麦具有早熟、耐旱、耐盐、耐低温冷凉、耐瘠薄等特点，因此栽培非常广泛。

大麦苗所榨的汁中富含β-胡萝卜素和B族维生素以及钾、钙、铁、磷、镁等矿质元素，还有氨基酸、蛋白质、纤维素和生物酶。素食者通过补充大麦苗可以避免发生B族维生素缺乏症。大麦苗的食用方法很多，家庭中常用的是凉拌或打成大麦汁饮用，详见第五章。

（1）种植品种　大麦气候适应性强于其他谷类作物，有适于温带、亚北极地区、亚热带的品种。家庭种植应选择朝南或者光照较好的朝东、朝西的阳台，也可以在庭院露地种植（图4-64）。家庭种植大麦应选择丰产性好、增产潜力大的品种。主要有垦啤麦2号、金川3号等。

（2）种植季节　家庭种植3月下旬至4月上旬，日平均气温稳定在0 ～ 3℃、表土冻层深度为5 ～ 7厘米时即为播种适期。

（3）育苗方法和技术　选择颗粒饱满、大小均匀、成熟度好的大麦种子，剔除陈年、坏死、未成熟、虫蛀、无皮、残破、变质的种子，以减少病虫害和烂苗，提高出苗整齐度。

家庭种植大麦可以选择长方形、容量比较大的花盆，种植基质以2 ：1的草炭营养土和蛭石，再加入5%～ 10%腐熟有机肥最好；也可用50%草炭营养土加25%园田土加20%沙土加5%腐熟细碎有机肥。播种时做到深浅一致(3 ～ 4厘米)，落籽均匀，行垄匀直。也可以选择用芽苗菜的栽培方法生产大麦芽苗菜，具体方法详见本章芽苗菜部分。

（4）收获　大麦苗播种后9 ～ 10天即可收获，收获时苗高10 ～ 12厘米，子叶平展、充分肥大。食用时齐根切割，每盘可产400 ～ 500克。

图4-64　大　麦

第五章　阳台菜园种植乐趣与创意分享

一、蔬菜盆景

图5-1　熏衣草的应用

阳台种菜时，通过新奇的种植方法及艺术创意，或将植物按色泽、高低、品种进行搭配，可营造美丽的蔬菜景观，为家庭生活增添无穷乐趣。

熏衣草的应用　室内种植一盆正在开花的熏衣草，既可赏花又能闻香（图5-1）。

混搭种植　将大麦、白凤菜与紫叶生菜种植在一个盆中，利用色泽、高低搭配形成盆景（图5-2）。

组合蔬菜花架　将熏衣草、马祖林、花蔓草、白凤菜、多肉植物盆栽置于花架上，形成组合蔬菜花架（图5-3）。

番茄盆景　众所周知，一般番茄都是由下向上生长的，而盆栽紫京珠番茄向下生长又是什么样子呢（图5-4、图5-5）？

图5-2　大麦、白凤菜、紫叶生菜混搭

图5-3　组合蔬菜花架

图5-4　番茄盆景（李红苓摄）

图5-5　葱郁的番茄（李红苓摄）

盆栽蔬菜景观 阳台菜园种植的盆栽蔬菜，选择长势强壮、景观效果好的可以作为盆景来美化家居（图5-6、图5-7）。

图5–6 健壮的罗勒

图5–7 株型对称的白凤菜

盆栽韭菜 冬季在居室种上两盆韭菜，可以连续吃上三四茬。如果给盆栽韭菜遮光处理，只需喷清水，就可让其长成老北京人爱吃的味道浓郁的韭黄。如果只想吃韭菜，让它见光便可。试想您在大年三十用自己种植的有机韭菜或韭黄包饺子，那是一件多么惬意的事情（图5-8）！

图5–8 盆栽韭菜

盆栽草莓　窗台种上三两盆草莓，看着它长叶、开花、结果岂不美哉（图5-9）。

图5-9　盆栽草莓

二、丝瓜的启迪

一粒丝瓜种子在水泥地的缝隙中发芽了，不曾管理，没用肥料，靠天生长，在度过苗期后，丝瓜的茎叶匍匐前行，竟从植株的茎上长出很多气生根，扎在水泥缝隙中，更神奇的是丝瓜好像长了眼睛，有了灵性，长出更多的气生根伸向旁边的蔬菜托盘去吸收水分和养分，后来植株越长越壮，爬了十几米到房上，居然结了8个丝瓜（图5-10至图5-13）。由此联想到我们的人生：人的一生不一定总是生活在顺境中，当遇到逆境时，应该用积极的心态去练就生存本领，增强对环境的抗逆性和适应性，用不忘初心的坚持去赢得成功，其实成功也很简单。

图5-10　砖缝中长出丝瓜

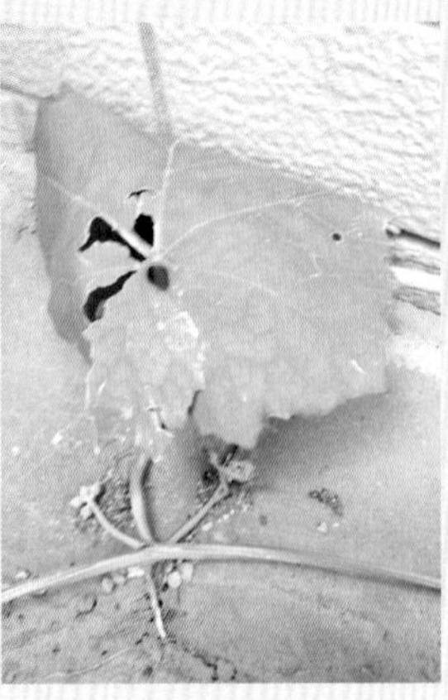

图5-11　气生根扎在砖缝中

图5-12　更多的气生根到托盘中吸收水分和营养

图5-13　爬到房上结出了丰硕的果实

三、番茄的启示

有位小朋友在参与家庭庭院菜园管理时，由于不认识番茄秧，误当杂草给拔了。经大人提示后，这位小朋友非常自责，后来在大人的指导下了解了番茄的种植方法、营养价值和食用番茄对身体的好处，又把番茄秧种上了。经过精心管理后，这株彩玉番茄茁壮生长，并结出很多果实（图5-14至图5-16）。小朋友每次有机会都要去看看这株番茄的生长情况，果实成熟时更是亲手采摘自己的种植成果，成就感和喜悦的心情溢于言表。从此，他不但记住了番茄的秧、花、果，还非常喜欢食用番茄。由此可见，阳台菜园也为家庭开展农耕文化教育提供了园地。

图5-14　小朋友误将番茄当杂草拔出

图5-15　小朋友在指导下又种上了番茄

图5-16　这株彩玉番茄结出了很多果实

四、盆栽草莓的分株扩繁

当盆栽草莓生长良好时，它会生出一种藤蔓，即匍匐茎，在匍匐茎的顶端又会生出新的小植株，这时我们可以把顶端长出叶片的植株放在一盆配好营养土的花盆中，10天左右小植株就会在新的花盆中扎根，叶片也开始繁茂，这时把匍匐茎剪断，草莓就分株扩繁完成，又有了一盆新草莓（图5-17至图5-19）。在草莓生产上也常利用这一特性进行分株繁殖。

图5–17　草莓分株长出匍匐茎　图5–18　草莓匍匐茎扎根分株完成

五、"植物生长探秘"小学生主题实践活动

2011年一个主题实践活动　北京市朝阳区兴隆小学把一节市级现场课开发成一个主题实践活动，渐渐形成了学校特色的校本课程，形成了每年学校以"植物生长探秘"为主题的实践研究活动。从一粒种子辨别开始，到种植，到间苗，到实验研究，到收获果实（图5-20至图5-22）。学生在实践中是快乐的，学校的收获是巨大的，这一主题实践活动每年都在向前推进，在"植物生长探秘"这条主线上不断深化，不断拓展。这一年兴隆小学被评为"北京市综合实践特色学校"。

图5–19　温室生产草莓三级繁殖

2013年多学科实践活动　从最开始的一个学科到第二三年两三个学科的融入，再到第四年学校全学科的融入，主题实践活动不再是一个老师受益，不是几个班学生受益，而是全校师生共同受益。美术学科利用校园植物作画，英语学科利用植物讲解植物的结构，科学学科利用植物进行相关的实验，语文学科利用植物进行作文水平的提高，劳动学科利用种子作画，体育学科创编了"种瓜得瓜，种豆得豆"的体育游戏（图5-23、图5-24）。可以说，"植物生长探秘"主题在综合实践课程为主线的前提下，不断形成分枝，不断发展变化。

2014年多学科多资源主题式实践育人模式　在"植物生长探秘"实践活动中，中国农业博物馆让学生走进了农业，了解了农耕文化；蔡家洼生态园种植基地，让学生真正体验了农业；北京教学植物园让学生对植物的研究力进一步提高；与市农科委的合作让学生真正认识了五谷杂粮，看到了不一样的植物，大开眼界。利用不同单位的优势资源，让兴隆小学"植物生长探秘"的课程更具生命力。

图5-20　葫芦生长过程（张宏亮提供）

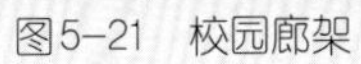

图5-21　校园廊架

图5-22　葫芦彩绘（张宏亮提供）

图5-23 五谷杂粮画（张宏亮提供）

图5-24 树叶画（张宏亮提供）

2015年三维立体化实践育人模式雏形 2014年对屋顶进行了改造，形成了近800米²的种植园。在这里，有耐热的佛前草、景天等植物，还有从科研部门引进的5种番茄、5种辣椒、5种香料和一定要让学生认知的五谷。教室、家庭、操场、楼顶都可以看到绿色的植物，可以说兴隆小学是一个绿色的校园，同时在这四个不同的场所可以看到多个学科中涉及的植物，有一般种植区，有观察记录区，还有对比研究区。学校接下来还打算把清洁能源与鱼菜共生系统引进校园，让学生处处有观察点，处处有实践园，处处都可让多学科所用。这样的三维立体化实践育人模式就有了雏形，并与多个资源单位形成了长期合作、共同育人的模式。要让学生走出校园去实践，也要把专业技术人员请到学校，更好地为学校学生、教师服务（图5-25）。

图5-25　红薯盆景（张宏亮提供）

六、感受自然之美

在自然界中，蔬菜与昆虫是相互依存、相互利用的关系，二者密不可分。当然在昆虫中有益虫（天敌）和害虫之分，它们之间构成了完整的生物链，蔬菜、昆虫都是生物链中的重要一环，缺一不可。

昆虫传粉　蔬菜花开了要经过授粉才能结出果实，昆虫传粉是授粉的重要途径，有了这些“义工”的辛勤劳动，蔬菜得以顺利开花结果（图5-26）。

图5-26　昆虫传粉

知了在吟唱，蜻蜓来乘凉　在庭院和露台种植蔬菜，经常会引得“客人”光顾，发现了及时拍摄下来，也会给生活增添不少乐趣（图5-27、图5-28）。

图5-27　知了在吟唱

图5-28　蜻蜓来乘凉

蔬菜、香草与鱼 在都市型阳台菜园有机栽培综合技术应用中，香草是我们一直推荐种植的作物。利用香草有驱避蚊虫的作用，将它们与蔬菜种植在一起，可有效减轻虫害的发生，而且香草在家居的居室、露台或庭院种植也能起到净化、香化空气的作用。在香草、蔬菜的旁边养一盆观赏鱼，不但为阳台菜园增加美感，还可以利用养鱼的水灌浇蔬菜（图5-29）。

图5-29 蔬菜、香草与鱼

蔬菜的花 阳台菜园种植的蔬菜花的结构不同，颜色不同。在小小的阳台菜园花儿缤纷绽放、色彩斑斓，这是大自然赐予我们的美（图5-30）。

蔬菜的果 茄果类蔬菜大多数人比较喜欢，尤其是北方人。因为它们色彩多样，形态各异，很多品种集景观、美味、丰产、富含营养于一体，是阳台菜园的主要品种（图5-31）。但它们栽培周期长，技术要求高，所以也是许多阳台菜园种植高手推崇的当家品种。

图5-30　蔬菜的花

白色番茄白玉堂
黄色番茄黄莺
彩色番茄彩玉
紫番茄紫京珠
五彩番茄与丝瓜
绿色番茄绿宝石
老北京六叶茄子
碟　瓜
葫　芦
南　瓜
蔬菜新功能——家居装饰
彩椒福星
砍　瓜
丝　瓜
彩椒寿星

图5-31　蔬菜的果

七、家庭蔬菜汁的制作

白玉苦瓜汁的制作　苦瓜打成汁作为饮品是比较时尚的食用方式。但苦瓜一般苦味较重，要依据个人口味选择。推荐苦味较小的台湾白玉苦瓜制作苦瓜汁饮品。白玉苦瓜肉质厚，汁多，微苦，营养丰富，在打汁过程中可添加柠檬和蜂蜜，这样营养更加丰富且口味更佳（图5-32）。

图5-32　苦瓜汁的制作

大麦汁的制作　大麦具有坚果香味，碳水化合物含量较高，蛋白质、钙、磷及维生素含量也较丰富。大麦经种植成大麦苗后，营养发生很大转化。据监测，大麦苗中富含蛋白质（高达33%）和脂肪（7.06%），还含有丰富的维生素和植物纤维，是典型的高蛋白、低脂肪健康食材。随着人们生活水平的提高和健康意识的增强，大麦苗促进代谢和养颜的作用已逐步被人们认知和挖掘，麦苗汁更成为人们的时尚饮品（图5-33）。

图5-33　大麦汁的制作

参考文献

曹华,2012. 名特蔬菜优质栽培新技术[M]. 北京: 金盾出版社.

曹华,2013. 阳台种菜彩图详解[M]. 北京: 中国农业出版社.

曹华,徐树坡,李新旭,2011. 阳台菜园无土栽培装置及种植技术[J]. 中国蔬菜(19): 55-56.

曹华,王亚慧,李新旭,2014. 家庭阳台种菜技术系列谈(2): 家庭居室盆栽蔬菜种植技术[J]. 农业工程: 温室园艺(5): 62-63.

陈敏佼,2012. 探析现代园林景观设计技术[J]. 现代园艺(14): 129-130.

杜社妮,2003. 庭院生态农业的模式及效益评价[J]. 北方园艺(2): 6-8.

何汛,2011. 浅析城市景观设计中的技术美学策略[J]. 中外建筑(6): 71-72.

黄丹枫,杨丹妮,2012. 都市菜园生产模式之二: 观赏蔬菜研究与开发[J]. 长江蔬菜(24): 1-4.

甘小虎,1996. 阳台无土栽培器及应用初报[J]. 南京农专学报(2): 32-35.

刘士勇,2015. 阳台搭建菜园 农业走进城市[J]. 北京农业(11): 156-159.

姜晓霞,2016. 住宅小区园林规划与景观创意设计[J]. 规划与设计(1):117.

林瑞,2014. 试析园林景观的创意设计[J]. 重庆与世界(学术版)(1): 29-31.

刘士哲,等,2001. 现代实用无土栽培技术[M]. 北京: 中国农业出版社.

刘卫,姚世宇,梁胜平,2010. 城市立体绿化研究[J]. 现代农业科技(4): 278-280.

日本枻出版社编辑部,2012. 阳台蔬果混栽园艺[M]. 台湾乐活文化,译. 北京: 中国轻工业出版社.

王峰玉,朱晓娟,2013. 我国城市农业的价值与发展障碍分析[J]. 黑龙江农业科学(4): 132-134.

王久兴, 2014. 图解蔬菜无土栽培[M]. 北京: 金盾出版社.

王丽霞, 2012. 稀特蔬菜的观赏与食用[M]. 杨凌: 西北农林科技大学出版社.

王正银, 1998. 阳台楼顶蔬菜容器栽培[J]. 中国农学通报(4): 72-73.

杨恩庶,张德纯,2015. 蔬之物语[M]. 北京: 电子工业出版社.

尹丽,2016. 中原文化在城市景观设计中的应用研究[J]. 湖南城市学院学报(自然科学版),25(4): 51-52.

于涛,2015. 屋顶农业微系统功能分析[D]. 北京: 中国农业科学院.